Die Wahrheit über die Titanic

Der Bericht eines Überlebenden

COLONEL ARCHIBALD GRACIE

Die Wahrheit über die Titanic, A. Gracie
Jazzybee Verlag Jürgen Beck
86450 Altenmünster, Loschberg 9
Deutschland

Druck: Bookwire, Kaiserstraße 56, 60329 Frankfurt/M.

ISBN: 9783849678692

www.jazzybee-verlag.de
admin@jazzybee-verlag.de

INHALT:

KAPITEL I – DER LETZTE TAG AN BORD DES SCHIFFES

"Daselbst gehen Schiffe, der Leviathan, den du geschaffen hast, darin zu spielen."— Psalm 104:26.

Als einziger Überlebender aller männlichen Passagiere, die sich während des Beladens von etwa sechs Rettungsbooten auf der Backbordseite des Schiffes befanden, vorne auf dem mit Glas überdachten A-Deck und später auf dem darüberliegenden Bootsdeck, ist es meine Pflicht Zeugnis abzulegen vom Heldentum aller Beteiligten. Zuallererst gegenüber meinen männlichen Gefährten, die ruhig dastanden, bis die Rettungsboote mit Frauen und Kindern und dem entsprechenden Anteil an Besatzungsmitgliedern abgelegt hatten – und die dann fünfzehn oder zwanzig Minuten später mit dem Schiff sanken, sich dessen bewusst, dass sie ihr Leben für die Schwachen und Hilflosen geopfert hatten.

Zweitens gegenüber dem Zweiten Offizier Lightoller und der Crew des Schiffes, die ihre Pflicht erfüllten, als ob ähnliche Ereignisse zu ihrer täglichen Routine gehörten; und drittens den Frauen gegenüber, die keinerlei Anzeichen von Furcht oder Panik zeigten in einer Situation, die schrecklicher war als bei jedem anderen Schiffsunglück zuvor.

Ich glaube, dass diejenigen Leser, die an atemberaubende Abenteuergeschichten gewohnt sind, froh sein werden, endlich einen Bericht aus erster Hand lesen zu können; einen Bericht über den Heldenmut der Menschen auf der Titanic, für die es meine traurige Pflicht ist, dieses Zeugnis abzulegen. Ich werde mich bei meiner Erzählung weitestgehend auf das beschränken, was ich selbst gesehen, gehört und getan habe während dieser unvergesslichen Jungfernfahrt der Titanic, die mit der Havarie und ihrem Untergang gegen 2:22 Uhr morgens am Montag, den 15. April 1912 endete. Dem Untergang, nachdem sie einen Eisberg gerammt hatte "am oder um die Position 41 Grad 46 Minuten nördlicher Breite, 50 Grad 14 Minuten westlicher Länge im Nordatlantik" und der mehr als 1500 Menschen das Leben kostete.

Am Sonntag, den 14. April, war dieses wunderbare Schiff, die Perfektion aller Wasserfahrzeuge, die sich das menschliche Gehirn bis dahin erdacht hatte, schon dreieinhalb Tage lang auf ihrem Weg von Southampton nach New York unterwegs auf einem Meer, das so glatt erschien, als sei es aus Glas und das sich noch nicht mal vom leichtesten Anzeichen eines Sturms gekräuselt hatte.

Der Kapitän hatte Tag für Tag die Geschwindigkeit erhöht und prophezeit, dass wir bei anhaltend gutem Wetter einen neuen Rekord für diese Strecke aufstellen und die Jungfernfahrt deutlich früher beenden würden. Aber all seine Berechnungen hatten nie dieses proteische Monster der Nordmeere mit ins Kalkül gezogen – das Monster, das sich schon vorher fatal für jede navigatorische Kalkulation und als furchtbare Vernichtungswaffe erwiesen hatte.

Unsere Entdecker haben die Region der Eisberge soweit nördlich und südlich wie möglich durchdrungen, aber das Wissen über ihr Habitat, das letztendlich sicherstellte, dass unsere Ozeanriesen in der Lage waren ihnen auszuweichen, war nicht ausreichend, um auch verlässlich sagen zu können, wann sie sich loslösen und den Weg versperren.

Am 14. April hatte das Schiff, zumindest sagten das die Berechnungen, 546 Meilen hinter sich gebracht, und man sagte uns, dass wir in den nächsten 24 Stunden noch mehr Strecke machen würden.

Gegen Abend hörte ich, wie sich die Nachricht verbreitete, dass andere Dampfschiffe telegrafische Meldungen gesandt und die Offiziere unseres Schiffes von der Anwesenheit von Eisbergen in Kenntnis gesetzt hatten. Die zunehmende Kälte und die Notwendigkeit, sich wärmer anzuziehen, wenn man an Deck wollte, waren äußerliche und wahrnehmbare Anzeichen, die in Einklang mit dieser Meldung standen. Aber trotz allem wurde die Geschwindigkeit nicht verringert und die Motoren wummerten beständig weiter.

Die alten Seeleute erzählten uns, dass man schon seit über fünfzig Jahren soweit südlich keine größeren Massen Eis oder Eisberge mehr gesehen hatte.

Die Freuden und der Komfort, den wir alle auf diesem schwimmenden Palast genossen, erschien vielen von uns, inklusive meiner Person, fast schon zu schön, um wahr zu sein, und schien nur darauf zu warten, von der schrecklichen Vergeltung einer wütenden Allgewalt zerstört zu werden. Mister Charles M. Hays, Präsident der Canadian Grand Trunk Railroad war nicht nur einer der angesehensten Mitreisenden, sondern brachte auch unsere Gefühle in dieser Sache am besten zum Ausdruck. Er war damals damit beschäftigt, die Ausstattung kommender Erweiterungen seines eigenen, großartigen Eisenbahnnetzes zu sondieren und einzukaufen und schon von daher mit dem Prunk der Unterbringungen auf der Titanic befasst. Hier nun seine prophetische Äußerung, mit der er schließlich nur wenige Stunden später sein eigenes Schicksal besiegelte: "Die White Star, die Cunard und die Hamburg-Amerika-Linie", sagte er, "legen heute all ihre Aufmerksamkeit darauf, sich gegenseitig dabei zu überbieten, die luxuriösesten Apartments auf ihren Schiffen zu erschaffen, aber die Zeit wird bald kommen, in der das schrecklichste und verheerendste aller Unglücke auf See eintreffen wird."

Während der verschiedenen Atlantiküberfahrten, die ich bereits unternommen habe, war es immer meine Gepflogenheit, mich jeden Tag und wann immer das Wetter es zuließ, mit viel Sport in die bestmögliche körperliche Verfassung zu versetzen. An Bord der Titanic aber, in den ersten Tagen unserer Reise, also von Mittwoch bis Samstag, habe ich mich von dieser Praxis abgewandt. Statt mich meiner selbst auferlegten Kur zu widmen, verbrachte ich meine Zeit mit Unterhaltung, nämlich dem Lesen einiger Bücher aus der hervorragend bestückten Bibliothek des Schiffes. Ich genoss die Zeit wie in einem der Sommerpaläste an der Küste, umringt von jedem nur erdenklichen Komfort – nichts ließ mich annehmen oder vermuten, dass ich mich inmitten des stürmischen Atlantiks befand. Die Bewegung des Schiffes und die Geräusche der Maschinen waren auf Deck oder in den Salons kaum wahrnehmbar, weder am Tag noch in der Nacht. Dann wurde es Sonntagmorgen und ich beschloss, dass es höchste Zeit war, meine gewohnten Übungen durchzuführen und mich für den Rest der Reise mehr auf dem Squashfeld, in der Turnhalle oder im Swimmingpool aufzuhalten. Ich war schon zeitig vor dem Frühstück auf und spielte gegen einen professionellen Squashspieler, sozusagen ein halbstündiges Warmmachen vor dem Schwimmen im fast zwei Meter tiefen Salzwasser-Bassin, das angenehm beheizt war. Kein anderes Schwimmbecken hatte mir bisher so viel Vergnügen bereitet. Wie eingeschränkt wäre dieser Genuss jedoch gewesen, hätte mir eine Vorahnung mitgeteilt, wie nahe ich meinem letzten Eintauchen war und dass ich noch vor dem Morgengrauen des nächsten Tages inmitten des Ozeans, auf und unter Wasser und bei minus 2 Grad Wassertemperatur um mein Leben schwimmen musste!

Mein beeindruckendes Gedächtnis holt justament die Bilder der Angestellten des Schiffes und die Unterhaltungen, die ich mit ihnen führte, herbei, als sei alles erst gestern gewesen. Der Squash-Profi, F. Wright, war ein glatt rasierter, typischer junger Engländer, ähnlich den hundert anderen, die ich in vergangenen Jahren gesehen oder mit denen ich gespielt habe – meistens mein Lieblingsspiel Cricket, das mehr zu meiner körperlichen Fitness beigetragen hat als jeder andere Sport. Ich habe seinen Namen in keinem einzigen Bericht über das Unglück gefunden und nehme daher nun die Gelegenheit wahr, von ihm zu sprechen. Vielleicht bin ich ja der einzige Überlebende, der etwas über seine letzten Tage auf Erden berichten kann.

Wir Überlebende haben hunderte Briefe erhalten, viele davon mit Fotos von verlorenen Lieben, die wir vielleicht zufällig gesehen oder mit denen wir eventuell gesprochen hatten, bevor das Schicksal zuschlug. Nur selten war es mir vergönnt, diese zahlreichen Anfragen zufriedenstellend zu beantworten. Das nächste und letzte Mal, dass ich Wright sah, war auf dem Treppengang von Deck C, etwa eine Dreiviertelstunde nach der Kollision. Ich wollte in meine Kabine, als er mir von unten entgegenkam. "Sollten wir den Termin morgen früh nicht besser absagen?", sagte ich etwas drollig zu ihm. "Ja", antwortete er, hielt aber nicht an, um mir vom Zustand des Spielfeldes auf dem G-Deck zu berichten, das zu diesem Zeitpunkt, zumindest sagten das andere Zeugen, bereits überflutet war. Seine Stimme war ruhig, ohne Begeisterung, und sein Gesicht ein bisschen blasser als sonst.

Dem Aufseher beim Swimmingpool gab ich noch das Versprechen, am nächsten Morgen früher da zu sein, aber ich habe ihn nie wiedergesehen.

Eine der Persönlichkeiten auf dem Schiff und allen bestens bekannt war T. W. McCawley, der Sportlehrer. Auch er erwartete mich am nächsten Morgen zur ersten echten Übungseinheit aber ach!, auch er wurde vom Meer verschlungen. Wie gut wir Überlebenden uns noch an diesen stämmigen, kleinen Mann erinnern können, an seinen weißen Flanellanzug und seinen breiten, englischen Akzent! Mit unermüdlicher Begeisterung zeigte er uns die vielen mechanischen Geräte, über die er Herr war, und drängte uns dazu, die Gelegenheit wahrzunehmen und sie auch zu benutzen. Er schwelgte in Sportarten wie Fahrradrennen, Rudern, Boxen, Kamel- und Pferdereiten, etc.

Im Grunde waren meine morgendlichen Übungen die Vorbereitung für die unvorhersehbaren körperlichen Strapazen, die ich nur wenige Stunden später, gegen Mitternacht, im Kampf um mein teures Leben ertragen musste. Konnte man ein Training für diese schreckliche Tortur besser planen?

Die Übungen und das Schwimmen hatten mir Appetit auf ein herzhaftes Frühstück gemacht. Dann folgte der Gottesdienst im Speisesalon und ich erinnere mich noch wie beeindruckt ich war von "Prayer for those at sea", Nummer 418 des Gebetsbuches. Schon allein die Wortwahl war großartig. Vierzehn Tage später hörte ich das Lied erneut, dieses Mal in einer kleinen Kirche in Smithtown, Long Island, beim Besuch eines Gedächtnisgottesdienstes für meinen alten Freund James Clinch Smith, der ebenfalls Mitglied des Union Clubs gewesen war. Seiner Schwester, die neben mir auf der Kirchenbank saß, erzählte ich, dass dies das letzte Lied gewesen war, dass wir an diesem Sonntagmorgen an Bord der Titanic sangen. Sie war sehr bewegt und nannte mir den Grund, warum es für diesen Gedächtnisgottesdienst ausgewählt worden war: es war Jims Lieblings-Kirchenlied, weil es das erste Stück war, das er als Kind spielen konnte und dafür mit einem von seinem Vater versprochenen und gestifteten Preis belohnt wurde.

Es war ein bemerkenswerter Zufall, dass beim ersten, wie auch beim letzten Gottesdienst an Bord das Kirchenlied mit diesen beeindruckenden Zeilen begann:

O God our help in ages past,
Our hope for years to come,
Our shelter from the stormy blast,
And our eternal home.

Die Tage an Bord waren so identisch, dass es wirklich schwer ist, in unserer Beschreibung alle Details der Ereignisse des letzten Tags zu erwähnen.

Das Buch, das ich beendet hatte, und zur Schiffsbibliothek zurückbrachte, war Mary Johnstons "Old Dominion." Während ich friedlich die Abenteuergeschichten und Berichte von außergewöhnlichen Rettungen las, hatte ich keine Ahnung davon, dass ich in den nächsten Stunden Zeuge, Teilnehmer und Darsteller einer Szene sein würde, für die dieses Buch keine Entsprechung bot – dass meine eigene Rettung aus einem nassen Grab eine bemerkenswerte Darstellung der alten Weisheit "Wahrheit ist seltsamer als Fiktion" werden würde.

An diesem Tag habe ich Mr. und Mrs. Isidor Straus oft gesehen. Tatsächlich waren wir vom Beginn bis zum Ende unserer Reise auf der Titanic mehrmals am Tag zusammen. Ich stand mit ihnen an Deck am Tag, als wir Southampton verließen und Zeuge dieses ominösen Beinnahe-Unfalls mit dem amerikanischen Linienschiff "New York" wurden. Dieses lag an seinem Pier, als die Wasserverdrängung unseres gigantischen Schiffes einen solchen Sogeffekt verursachte, dass es aus der Vertäuung gerissen wurde und es fast zu einem Zusammenstoß gekommen wäre. Bei dieser Gelegenheit erzählte mir Mr. Straus, dass es ihm schien, als seien nur wenige Jahre vergangen, seit er genau auf diesem Schiff, der "New York", Passagier während der Jungfernfahrt war und sie ihm als "das Beste, das der Schiffsbau jemals hervorbringen würde" gepriesen wurde. Indem er die beiden Schiffe, die Seite an Seite lagen, miteinander verglich, nahm er meine und die Aufmerksamkeit seiner Frau gefangen. Während unserer vielen, täglichen Unterhaltungen danach erzählte er hauptsächlich von bemerkenswerten Vorkommnissen in seiner Karriere. Oft begannen diese Erzählungen in seinen jungen Jahren, als er in Georgia lebte und für die Konföderierten den Nachschub steuerte und damit für die Blockade Europas verantwortlich war. Seine Freundschaft mit Präsident Cleveland und wie dieser ihn würdigte, interessierte mich am meisten.

An diesem Sonntag beendete er ein Buch, das ich ihm geliehen hatte, und für das er große Begeisterung zeigte. Das Buch war "Die Wahrheit über Chickamauga", also mein eigenes Werk. Nach sieben Jahren, die ich daran gearbeitet hatte, gönnte ich mir die dringend benötigte Pause und um meine Gedanken endlich davon loszueisen, hatte ich diese Fahrt über das Meer gebucht.

Ich erinnere mich, dass Mr. und Mrs. Straus um die Mittagszeit besonders fröhlich erschienen. Sie freuten sich auf eine Unterhaltung mit ihrem Sohn und dessen Frau, die sich auf dem Weg nach Europa befanden und deren Schiff *Amerika* ganz in der Nähe vorbeifuhr. Für diesen Zweck durften sie den Telegrafen benutzen. Irgendwann vor sechs Uhr erzählten sie mir zufrieden von der Grußbotschaft, die sie im Gegenzug erhalten hatten. Dieses letzte "Auf Wiedersehen" an die Lieben muss ein tröstlicher Gedanke gewesen sein, als nur wenige Stunden später das Ende kam.

Nach dem Abendessen zogen wir uns wie üblich, zusammen mit unseren Tischgenossen James Clinch Smith und Edward A. Kent sowie vielen anderen Passagieren, in den Palmenhof zurück, um dort an unterschiedlichen Tischen Kaffee zu genießen und dabei der immer entzückenden Musik der Band der Titanic zu lauschen. Zu diesen Anlässen war Galakleidung *en règle* – was bedeutete, dass man in aller Deutlichkeit und voller Bewunderung beobachten konnte, wie viele wunderschöne Frauen doch an Bord dieses Schiffes waren.

Während dieser wunderbaren Abende wanderte ich beständig hin und her, plauderte mit denen, die ich kannte und denen, deren Bekanntschaft ich während der Reise gemacht hatte. Natürlich könnte ich hier Namen und Themen dieser Konversationen nennen, aber diese Details sind wohl nur für die interessant, die daran beteiligt waren und nicht notwendigerweise für den Leser. Die Erinnerung an die Menschen, mit denen ich Seite an Seite diese Katastrophe durchlebte - sowohl diejenige, die den Tod erlitten, dem ich entkommen konnte, als auch die Überlebenden – werden mir ein geschätztes Andenken und Einheitsband sein bis zum Tag meines Todes. Die Männer meines Standes gingen vom Palmenhof immer hinüber zum Rauchersalon, um sich dort jeden Abend mit einigen der namhaften Mitreisenden, die man dort treffen konnte, in Konversation zu begeben. In meinen Erinnerungen finde ich den Namen von Major Archie Butt, Militärberater von Präsident Taft, mit dem man über Politik diskutieren konnte; oder Clarence Moore, aus Washington, D.C., der einige Jahre zuvor eine abenteuerliche Reise durch die Wälder und Berge West Virginias unternommen hatte, um einem Zeitungsreporter ein Interview mit dem Outlaw Captain Anse Hatfield zu beschaffen; oder Frank D. Millet, der bekannte Künstler, der eine Reise nach Westen plante; oder Arthur Ryerson oder, oder, oder.

Während dieser Abende unterhielt ich mich auch mit John B. Thayer, dem zweiten Vizepräsidenten der Pennsylvania Railroad and George D. Widener, einem Sohn des Straßenbahn-Magnaten P. A. B. Widener aus Philadelphia.

An diesem speziellen Abend war mein Aufenthalt im Rauchersalon zum ersten Mal kürzer als sonst und ich zog mich früh zurück; aber nicht ohne das Versprechen meines Kabinenstewards Cullen, mich am nächsten Morgen früh zu wecken, damit ich meine Verabredung zum Racquet-Spiel einhalten und mich später in der Turnhalle und im Schwimmbad verausgaben konnte.

Ich kann kaum glauben, dass es Zufall war, dass ich in dieser Sonntagnacht früh schlafen ging und damit drei Stunden belebenden Schlaf genießen konnte. Wäre der Zusammenstoß um Mitternacht eines der vergangenen vier Tage passiert, wäre ich mental und physisch ausgelaugt gewesen. Dass ich somit gut gerüstet war für die schreckliche Qual - vielleicht sogar besser, als wenn ich vorgewarnt gewesen wäre - erachte ich heute als erste Voraussetzung für meine Sicherheit, eingefädelt von dem Schutzengel, in dessen Obhut ich auch während der wundersamen Rettung war, die ich nunmehr hier niederschreiben werde.

KAPITEL II. – VOM EISBERG GETROFFEN

"Wächter, wie lang ist noch die Nacht?" — Jesaiah 21:11.

Meine Kabine lag steuerbord auf Deck C, etwas achtern mittschiffs, und war nach außen gerichtet. Die Nummer war C51. Ich schlief tief und fest, als mich eine plötzliche Erschütterung und ein Krach vor mir auf der Steuerbordseite wachrüttelte. Ich schloss sofort, dass es einen Zusammenstoß gegeben haben muss, vielleicht mit einem anderen Schiff. Ich sprang aus dem Bett, machte das elektrische Licht an und blickte auf meine Uhr, die auf der Kommode lag. Am Tag zuvor hatte ich sie auf Schiffszeit umgestellt und nun zeigte sie null Uhr. Die korrekte Schiffszeit wäre 11:45 Uhr gewesen. Ich öffnete die Tür meiner Kabine, schaute in den Flur, konnte aber niemanden sehen oder hören – es war keinerlei Aufregung zu bemerken; aber direkt nach der Kollision war lautstark das Geräusch entweichenden Dampfs zu hören gewesen. Ich lauschte angestrengt, konnte aber keine Maschinen hören. Es gab kein Vertun, irgendetwas Schlechtes war passiert, denn das Schiff hatte gehalten und Dampf abgelassen.

Ich zog mein Schlafgewand aus und kleidete mich geschwind in Unterwäsche, Socken, Hosen, Schuhe und einem Norfolkmantel. Ich beschreibe das so detailliert, damit man sich die Zeitspanne, die ich dafür gebraucht haben muss, besser vorstellen kann. Von meiner Kabine war es nur ein kurzer Weg den Gang entlang zur Treppe und ich stieg hinauf zum dritten Deck, also dem Bootsdeck. Dort fand ich aber nur einen jungen Mann vor, offensichtlich mit derselben Mission unterwegs wie ich selbst.

Vor uns auf der Backbordseite lag das Quartier der Ersten Klasse und von dort aus versuchten wir angestrengt zu erspähen, was uns getroffen hatte. Aus verschiedenen Blickwinkeln, immer darauf bedacht, dass die Sicht nicht durch die Rettungsboote an Deck behindert wurde, suchte ich das Objekt; aber mein Unterfangen war umsonst, obwohl ich den Horizont von links nach rechts absuchte. Nichts war zu sehen.

Es war eine wunderschöne Nacht, wolkenlos und mit hell leuchtenden Sternen. Die Luft war ziemlich kalt, aber es war weder Eis noch ein Eisberg in Sicht. Wenn uns ein anderes Schiff getroffen hatte, war von diesem keine Spur zu sehen; und noch kam es mir nicht in den Sinn, dass es tatsächlich ein Eisberg gewesen sein konnte, mit dem wir zusammengestoßen waren. Da mich meine unvollständigen Ermittlungen nicht wirklich zufriedenstellten, ging ich das Deck einmal komplett ab und suchte jede Richtung des Kompasses mit meinen Augen ab. Auf dem Weg zum Heck sprang ich über das Eisentor und den Zaun, der die Kabinen der Ersten und Zweiten Klasse voneinander trennte. Das Schild "Zutritt verboten" ignorierte ich geflissentlich. Ich schaute mich in Richtung der Offiziersquartiere um, wohl in Erwartung eines Rüffels wegen Nichtbeachtung der Vorschriften. In Anbetracht des Zusammenstoßes hatte ich erwartet, einige Schiffsoffiziere auf dem Bootsdeck zu sehen, aber dort war kein Mensch – und damit auch niemand, von dem man Informationen darüber bekommen hätte können, was denn nun tatsächlich passiert war. Während meines Rundgangs waren die einzigen Menschen, die ich wahrnahm, ein Paar mittleren Alters, das Arm in Arm und ganz unbesorgt spazieren ging. Sie waren auf der Steuerbordseite des Quartiers unterwegs und hatten gegen den Wind zu kämpfen. Der Mann trug einen grauen Überzieher und eine schützende Kappe.

Nachdem ich hier nichts Befriedigendes feststellen konnte, ging ich hinab auf das mit Glas überdachte A-Deck und spähte auf der Backbordseite über die Reling, um festzustellen, ob die Kiellinie des Schiffes gleichmäßig verlief. Aber es gab nichts Beunruhigendes zu sehen. Im Niedergang traf ich Mr. Ismay, der mit einem Mitglied der Crew die Treppe hinaufeilte. Er trug einen Tagesanzug und, wie üblich, keinen Hut. Er war viel zu beschäftigt, um irgendjemanden wahrzunehmen. Daher sprach ich ihn nicht an, betrachtete aber sein Gesicht sehr genau; vielleicht konnte ich ja daraus erschließen, wie ernst der Zwischenfall gewesen war. Es schien mir, als wollte er seinen Gesichtsausdruck so tapfer wie möglich halten, um ja keine Beunruhigung unter den Passagieren auszulösen.

Am Fuß der Treppe standen einige männliche Passagiere beisammen und ich stellte zum ersten Mal fest, dass auch andere genauso aufgerüttelt worden waren wie ich selbst. Unter ihnen war auch mein Freund Clinch Smith, von dem ich zuerst erfuhr, dass uns ein Eisberg getroffen hatte. Er öffnete seine Hand und zeigte mir ein Stück Eis, flach wie meine Uhr, und schlug ganz ungerührt vor, dass ich es als Souvenir mit nach Hause nehmen könne.

Wir Überlebende können uns sicher alle an seine Art erinnern, einen Witz zu machen, ohne dabei auch nur eine Miene zu verziehen. Während wir dastanden, erreichte uns schließlich die Geschichte des Zusammenstoßes – wie jemand beim Auflaufen des Schiffes aus dem Rauchersalon stürmte, um zu sehen, was passiert war und bei seiner Rückkehr erzählte, dass er einen Eisberg gesehen hatte, der das A-Deck um gute fünfzehn Meter überragte – was wiederum bedeutete, dass er insgesamt über dreißig Meter hoch war, sollte diese Schätzung zutreffen. Hier erfuhr ich auch, dass der Einkaufsbereich überflutet war und die mutigen Postangestellten in einem halben Meter tiefen Wasser standen und trotzdem ihren Job machten. Sie waren damit beschäftigt, die zweihundert Taschen mit über viertausend Briefen auf höher gelegene

Decks zu verfrachten. Die Männer, die allesamt mit dem Schiff untergingen, haben es verdient, dass ich hier ihre Namen nenne. Diese waren: John S. Marsh, William L. Gwynn, Oscar S, Woody, Iago Smith und E. D. Williamson. Die drei Erstgenannten waren Amerikaner, deren Familien nach dem Untergang durch die Regierung versorgt wurden, die anderen Engländer.

Und dann entdeckten Clinch Smith und ich eine Liste, die auf dem Boden des Niedergangs lag. Wir hielten diese Erkenntnis zwischen uns beiden, da wir nicht beabsichtigten, irgendjemanden zu erschrecken oder Panik zu verursachen; dies betraf insbesondere die Damen, die nun auch nach und nach auftauchten. Wir erachteten es auch nicht als unsere Pflicht, unsere Meinungen zur Ernsthaftigkeit der Situation, welche sich uns nunmehr mit Nachdruck darstellte, abzugeben. Er und ich beschlossen, geeint durch das stille Band der Freundschaft, bis zum äußersten Notfall zusammenzubleiben und uns, wann immer es notwendig war, gegenseitig zu helfen.

Ich erinnere mich daran, dass mir in diesem Moment alles in den Sinn kam, was ich in vergangenen Tagen über Schiffswracks gelesen hatte; und dass ich mir Smith und mich selbst vorstellte, wie wir uns an ein überladenes Floß klammerten und kaum mehr Wasser und Nahrung hatten. Wir kamen überein, unsere jeweiligen Kabinen aufzusuchen und uns später wiederzutreffen. Dort angekommen packte ich meine Habseligkeiten in drei große Reisetaschen für den Fall, dass das Gepäck bereitstehen musste, sollte es zu einem eiligen Transfer zu einem anderen Schiff kommen. Glücklicherweise zog ich meinen langen Newmarket-Überzieher an, welcher hinunter bis über meine Knie reichte. Als ich schließlich vom Flur zurück in den Niedergang kam, fand ich meine größten Ängste bestätigt. Männer und Frauen zogen sich Schwimmwesten über und die Stewards halfen ihnen dabei, diese korrekt auszurichten. Steward Cullen bestand darauf, dass ich meine Weste aus der Kabine holen müsse. Ich folgte seiner Anweisung und er befestigte eine Weste an mir selbst, während ich die andere holte, um damit jemandem anderen nützlich sein zu können.

Draußen auf dem A-Deck, backbord und in Richtung des Hecks, hatten sich bereits Männer und Frauen versammelt. Ich suchte und fand die schutzlosen Frauen, denen ich für die Zeit der Überfahrt meine Dienste angeboten hatte, als sie das Schiff in Southampton bestiegen hatten; Mrs. E. D. Appleton, die Frau eines Freundes und Schulkameraden aus der St. Paul's School; Mrs. R. C. Cornell, die Frau des bekannten New Yorker Richters; und Mrs. J. Murray Brown, die Frau des Bostoner Verlegers, allesamt alte Freunde meiner Frau. Die drei Schwestern befanden sich auf der Heimreise von einer traurigen Mission im Ausland. Sie hatten die sterblichen Überreste einer vierten Schwester, Lady Victor Drummond, zur letzten Ruhe gebettet. Ich hatte in einer Londoner Zeitung von deren Dahinscheiden gelesen und erfuhr all die traurigen Einzelheiten, die damit einhergingen, von den Schwestern höchstselbst. Dass sie selbst ein noch viel größeres Martyrium erleiden würden müssen, schien unmöglich – und was es schlussendlich bedeuten würde, die Verantwortung für ihre Sicherheit übernommen zu haben, war mir nicht im mindesten klar. Sie waren in Begleitung ihrer Freundin, Miss Edith Evans, die ebenfalls schutzlos war und der sie mich vorstellten. Mr. und Mrs. Straus, Colonel und Mrs. Astor und einige andere wohlbekannte Gesichter waren ebenfalls unter den hier auf der Backbordseite des A-Decks Versammelten. Dazu gehörten auch, neben Clinch Smith, zwei weitere Mitglieder unserer Tischgesellschaft: Hugh Woolner, der Sohn des englischen Bildhauers und H. Björnström Steffanson, der junge Leutnant der schwedischen Armee, der mir während der Reise von seiner Bekanntschaft mit Mrs. Grades Verwandtschaft in Schweden erzählt hatte.

Dies war der Zeitpunkt, als die Band zu spielen begann und auch nicht aufhörte, als die Boote abgelassen wurden. Wir hielten dies für eine weise Maßnahme, um eventuell aufkommende Aufregung zu lindern. Ich erkannte keine der Melodien, aber ich kann sagen, dass sie fröhlich waren und beileibe keine Loblieder. Wenn, wie vielfach berichtet, "Nearer My God To Thee" tatsächlich eines der Stücke gewesen wäre, hätte ich dies ganz sicher bemerkt und es als eine taktlose Warnung vor unser aller bevorstehenden Tod verurteilt. Darüber hinaus hätte es genau die Panik verursacht, die wir mit aller Macht vermeiden wollten – was uns auch vollständig gelang. Ich weiß nur von zwei Überlebenden, deren Namen von den Zeitungen als Beweis dafür zitiert wurden, dass diese Hymne gespielt worden war. Alle, die ich befragt habe oder mit denen ich korrespondieren konnte, darunter die sachkundigsten Menschen überhaupt, bestätigten nachdrucksvoll das Gegenteil.

Die Schiffsoffiziere streuten die Information, dass es einen Wechsel von Funksprüchen mit vorbeifahrenden Schiffen gegeben hatte, und dass eines davon sicherlich zur Rettung eilen würde. Diese Nachricht gab unseren Hoffnungen Auftrieb. Um die Damen, für die ich mich verantwortliche fühlte, weiter zu beruhigen, zeigte ich ihnen ein hellstrahlendes Licht in etwa fünf Meilen Entfernung und erzählte ihnen, dass dies meiner Meinung nach ein Schiff war, das zu unserer Rettung eilte. Colonel Astor hörte, wie ich dies erzählte, und bat mich ihm das Licht zu zeigen, was ich auch bereitwillig tat. Dazu mussten wir uns beide über die Schiffsreling lehnen und nach vorne zum Bug schauen, wo unsere Sicht durch ein in diesem Moment präpariertes Rettungsboot, dessen Dollbord auf die Ebene des Bootsdecks heruntergelassen worden war, beeinträchtigt wurde. Aber anstatt an Leuchtkraft zuzunehmen, wurde das Licht schwacher, immer schwerer zu erkennen und verschwand schließlich ganz in der Nacht. Mittlerweile habe ich mit tränenreichem Bedauern für diejenigen, die vielleicht gerettet hätten werden können, erfahren, dass das Licht zum Dampfer *Californian* der Leyland-Linie gehörte. Das Schiff war unter der Führung von Kapitän Stanley Lord unterwegs von London nach Boston. Es gehörte ebenfalls der International Mercantile Marine Company, den Eignern der Titanic.

Die *Californian* war das Schiff, das zwei der sechs "Eisnachrichten" abgesandt hatte. Die erste wurde um 19:30 Uhr von der Titanic empfangen und bestätigt; es war eine abgefangene Nachricht an ein anderes Schiff. Die nächste kam gegen 23 Uhr, als der Kapitän der *Californian* ein anderes Schiff von Osten herankommen sah. Man sagte ihm, dies sei die Titanic und auf seinen Befehl hin wurde folgende Nachricht abgesetzt: "Wir werden von Eis aufgehalten, das rings um uns herum schwimmt." Woraufhin der Bediener des Telegrafen auf der Titanic brüsk antwortete. "Halt den Mund, ich bin beschäftigt. Ich kommuniziere mit Kap Race." Die genannte Beschäftigung bestand aus dem Senden von Nachrichten für die Passagiere der Titanic; und der stärkere, ostwärts gerichtete Strom der *Californian* störte dies. Obwohl die Navigation des Schiffes und das Wohl der Passagiere auf Leben und Tod gefährdet war, hatte der Nachrichtenverkehr mit Kap Race bis auf wenige Minuten vor der Kollision der Titanic mit dem Eisberg Vorrang. Fast die gesamte Zeit über lauschte der Telegrafist der *Californian* seinen Kopfhörern, aber um halb zwölf Uhr nachts, während sich die Titanic immer noch mit Kap Race unterhielt, "setzte er diese ab, zog sich aus und legte sich hin."

Das Schicksal vieler tausend Menschen stand in dieser unheilvollen Nacht mehr als einmal auf Messers Schneide, aber die Vorkommnisse in Zusammenhang mit der SS *Californian* untermauern die Erkenntnisse der amerikanischen Untersuchung, nämlich: es war nicht der Zufall, sondern die allergrößte Nachlässigkeit höchstselbst, die das Verhängnis all der prächtigen Männer und Frauen, die ihr Leben verloren, besiegelte.

Die eben genannten Erkenntnisse, von denen wir das erste Mal nach unserer Ankunft in New York erfuhren, geben auch Anlass zu der Annahme, dass der Kapitän der *Californian* und seine Crew unsere Lichter, die sich bis um 5:15 Uhr am folgenden Morgen nicht bewegten, vom Deck ihres Schiffes beobachteten. Es ist belegt, dass sie während dieser gesamten Zeitspanne nie mehr als sechs oder sieben Meilen entfernt waren. Tatsächlich war sie um Mitternacht, genau in der Richtung, wo ich und mindestens ein Dutzend weiterer Passagiere, sie vom Deck der Titanic aus sahen, höchstens vier oder fünf Meilen weg. Und das waren nur die Passagiere, die dies noch vor dem amerikanischen Untersuchungskomitee bezeugen konnten.

Die weißen Raketen, die wir abschossen, und über die wir gleich berichten werden, waren ebenfalls klar zu sehen. Kapitän Lord war sich vollkommen dessen bewusst, dass er in der Nähe eines Schiffes in Seenot war. Hätte er Interesse daran gehabt, den Namen des Schiffes bestätigt zu bekommen und den Grund für den Notfall zu erfahren, hätte er sich sofort über den Telegrafen mit uns in Verbindung setzen können. Seine Ignoranz wird noch offensichtlicher durch seinen Befehl "auf Morse umzuschalten", statt die moderne Methode des erfinderischen Genies und Gentlemans Marconi zu nutzen, die uns vielleicht alle gerettet hätte. "Die Nacht war klar und das Meer ruhig. Das Eis, von dem die *Californian* umringt war", schreibt der britische Bericht, "war abgebrochenes Eis, das sich nicht mehr als ein oder zwei Meilen in Richtung der Titanic ausbreitete." Als man dort die ersten Raketen sah, hätte die *Californian* ohne großes Risiko durch das Eis auf freies Wasser fahren und der Titanic zu Hilfe eilen können. Die Diskussion über dieses Thema ist schmerzlicher als alles andere für diejenigen, die ihre Lieben an Bord unseres Schiffes verloren haben.

Als wir erkannten, dass das Schiff, dessen Lichter wir sahen, nicht auf uns zuhielt, dämpfte dies unsere Hoffnung auf Rettung entsprechend. Aber der Rat der Männer, Ruhe zu bewahren, behielt immer noch die Oberhand; und um die Damen zu beruhigen, bemühte man immer wieder die hochgelobte Fiktion des "unsinkbaren Schiffes", so wie sie uns von der höchstmöglichen Autorität vorgebetet worden war. Es war in dieser Minute, dass Miss Evans mir die Geschichte erzählte, dass ihr Jahre zuvor ein Wahrsager in London geraten hatte, sie solle sich "vom Wasser fernhalten" und dass sie nun "ganz sicher ertrinken werde." Meine Versuche, sie vom Gegenteil zu überzeugen, waren umsonst. Obwohl sie diese Geschichte erzählte, zeigte sie keinerlei Anzeichen von Angst; und als ich sie etwa eine Stunde später erneut traf und mit ihr redete, in einer äußerst verzweifelten Lage, in der das letzte Rettungsboot angeblich gerade abgefahren war, war sie immer noch äußerst besonnen und fing nicht nochmal von ihrer abergläubischen Erzählung an.

Meine eigenen Schlussfolgerungen, als auch die anderer Passagiere, lassen vermuten, dass zu diesem Zeitpunkt 45 Minuten vergangen waren, seit Kapitän Smith angeordnet hatte, die Rettungsboote mit Frauen und Kindern zuerst zu besetzen und abzulassen. Mr. und Mrs. Isidor Smiths Selbstverleugnung trat nun besonders heroisch zu Tage, als sie sofort und empathisch ausrief: "Nein! Ich werde mich nicht von meinem Mann trennen; wir haben zusammen gelebt und wir werden zusammen sterben." Auch meine dringende Bitte, dass für ihn aufgrund seines Alters und seiner Hilflosigkeit eine Ausnahme gemacht werden müsse und er seine Frau ins Boot begleiten dürfe, lehnte er dankend ab. "Nein!", sagte er, "ich wünsche nicht, dass man mich zuvorkommender behandelt als alle anderen hier." Soweit ich mich erinnern kann, waren genau das die Worte, die die beiden mir gegenüber benutzten. Sie sagten noch, dass sie absolut darauf vorbereitet wären zu sterben, und setzten sich bedächtig auf zwei Liegestühle auf dem mit Glas überdachten A-Deck – bereit, ihr Schicksal zu erwarten. Weiteres Flehen, ihre Entscheidung nochmals zu überdenken, war nutzlos. Später begleiteten sie das Dienstmädchen von Mrs. Straus, das dort ein Rettungsboot bestieg, hinauf aufs Bootsdeck.

Als die Crew den Befehl zum Bemannen der Boote erhielt, waren wir auf der Backbordseite des A-Decks und ich bewegte mich sofort mit den in meiner Obhut befindlichen Damen in Richtung der Rettungsboote, die vom darüber liegenden Bootsdeck zu uns herabgelassen wurden. Ein großer, schlanker Engländer – der Sechste Offizier J. P. Moody, wie ich später erfuhr – und andere Mitglieder der Schiffscrew versperrten uns Männern jeden weiteren Zugang zu den Booten. Alles, was mir übrigblieb, war die Damen von meiner Verantwortung in die des Schiffsoffiziers zu übergeben. Ich war sicher, dass sie sicher in die Boote verladen werden würden und war meiner Verpflichtung entledigt. Ich erinnere mich, wie ein Steward ein kleines Fass aus der Tür eines Niedergangs rollte. "Was haben Sie da?", fragte ich. "Brot für die Rettungsboote", war seine knappe und vergnügte Antwort, als ich ein letztes Mal ins Innere des Schiffes ging, um dort nach meinen beiden Tischgenossen, Mrs. Churchill Candee aus Washington und Mr. Edward A. Kent, zu suchen. Dort traf ich auch Wright, den Racquetspieler, und wechselte mit ihm die paar Worte, die ich bereits berichtet habe.

Ich überlegte, dass es wohl sinnvoll wäre, in den offenen Booten einen Vorrat an Decken gegen die Kälte zu haben, und beschloss, ein weiteres – und letztes – Mal hinunter in meiner Kabine zu gehen, um dort danach zu suchen. Aber die Tür war verschlossen und auf meine Frage nach dem Grund dafür antwortete ein Steward – es war nicht Cullen -, dass man "Plünderungen vorbeugen wolle." Ich gab ihm zu verstehen, was ich benötigte und ging mit ihm zum Quartier der Kabinenstewards, wo zusätzliche Decken gelagert wurden, und wo ich diese auch bekam. Danach ging ich unter dem Glas des A-Decks die ganze Länge des Schiffes von achtern nach voraus ab und sah in jedem Raum und in jeder Ecke nach meinen fehlenden Tischgenossen. Aber es waren keine Passagiere mehr zu sehen, mit Ausnahme von vier Männern im Rauchersalon, die ganz für sich allein um einen Tisch herum versammelt saßen. Drei davon waren mir persönlich bekannt, Major Butt, Clarence Moore und Frank Millet. Der vierte war mir fremd, weswegen ich ihn nicht identifizieren kann. Alle schienen sich vollständig darüber im Klaren zu sein, was auf den Decks draußen vor sich ging. Es war Blödsinn anzunehmen, dass sie nichts von der Kollision mit dem Eisberg mitbekommen hätten, obwohl der Raum, in dem sie sich befanden, von allen anderen schleunigst verlassen worden war. Es dämmerte mir in diesem Moment, dass diese Männer ihre komplette Gleichgültigkeit der drohenden Gefahr gegenüber demonstrieren wollten und sie mich vermutlich ausgelacht hätten, wenn ich genau darauf hingewiesen hätte. Es war das letzte Mal, das ich die vier Männer gesehen habe, und ich kenne auch niemanden, der bezeugen könnte, sie später einmal gesehen zu haben – mit Ausnahme einer Dame, die Major Butt fünf Minuten, nachdem das letzte Boot das Schiff verlassen hatte, auf der Brücke gesehen haben will. Es gibt auch keinen authentischen Bericht darüber, was sie taten, als das Wasser dieses Deck erreichte, und ihr endgültiges Schicksal kann man nur erahnen. Ich persönlich glaube, dass sie vom A-Deck im Innern des Schiffes hinunterstiegen, als die Passagiere des Zwischendecks (wie später beschrieben) den Weg zu den oberen Decks blockierten, und zwar aus folgenden Gründen: Erstens, weil weder ich, noch jemand den ich kenne, jemals einen von ihnen auf dem Bootsdeck gesehen hat und zweitens, dass keine einzige ihrer Leichen jemals geborgen werden konnte; was wiederum damit zu erklären wäre, dass sie alle im Innern des Schiffes untergegangen sind.

Danach ging ich auf der Backbordseite weiter nach voraus, teilweise auf dem Bootsdeck, teilweise auf dem A-Deck, wo ich Clinch Smith wiedertraf, der mir darüber berichtete, dass Mrs. Candee das Schiff auf einem der Boote verlassen hatte. Wir blieben zusammen, bis das Schiff unterging. Ich war auf dem Bootsdeck, als ich die erste Rakete bemerkte. In Abständen wurden weitere Leuchtzeichen abgefeuert. Es folgten die roten und blauen Morselichter, die auf unserem Deck ganz in der Nähe signalisiert wurden; nach einer Antwort hielten wir umsonst Ausschau. Diese Notfallsignale machten uns allen klar, dass das Schiff dem Untergang geweiht war und es sogar sinken könnte, bevor die Rettungsboote abgelassen werden konnten.

Zurück auf dem A-Deck half ich dabei, zwei der Rettungsboote, die vom oberen Deck heruntergelassen wurden, zu beladen. Insgesamt besaß das Schiff zwanzig Boote; vierzehn Rettungsboote aus Holz, jedes ca. neun Meter lang und ca. 3 Meter breit und für 65 Personen ausgelegt; zwei hölzerne Kutter, Notfallboote, knappe acht Meter lang und gute zwei Meter zwanzig breit, jedes für um die 40 Personen geeignet; und schließlich vier Engelhardt "Brandungsboote", mit faltbaren Seiten aus Segeltuch über dem Dollbord, jedes ausgelegt für 47 Menschen und ca. acht Meter lang und knappe zweieinhalb Meter breit. Die Rettungsboote befanden sich entlang der Schiffsreling, oder besser deren gedachte Verlängerung voraus und achtern am Bootsdeck. Die ungeraden nummerierten Boote hingen steuerbord, die geraden backbord. Zwei der Engelhardt-Boote waren auf dem Bootsdeck voraus unter den Notfallbooten, die auf Ladebäumen darüber hingen. Die anderen Engelhardt-Boote befanden sich dem ersten Schornstein voraus auf dem Dach des Offiziershauses. Sie trugen die Buchstaben A, B, C und D; A und C standen steuerbord, B und D backbord. Ihr Bauch war gerundet und ähnelte dem eines Kanus. Der Name "Faltboot", unter dem sie wegen der oben erwähnten faltbaren Seiten auch bekannt sind, hat leider viele falsche Vorstellungen davon erweckt.

In diesem Quartier wurde ich nicht mehr davon abgehalten, mich den Rettungsbooten zu nähern, sondern man nahm meine Hilfe und Anstrengungen beim Beladen der Boote dankend an. Es gab keine Zeit mehr zu verlieren und sie mussten so schnell wie möglich weg. Der Zweite Offizier Lightoller hatte das Kommando auf der Backbordseite voraus, wo ich mich befand. Er stand mit einem Fuß in einem Rettungsboot, mit dem anderen auf der Reling des A-Decks, während wir in schneller Reihenfolge und ohne jede Panik Frauen, Kinder und Babys durch die Holzrahmen der heruntergelassenen Glasfenster auf diesem Deck hinausgeleiteten. Unter diesen Menschen war auch Mrs. Astor, die ich über die Reling des Schiffes trug. Ihr Gatte hielt ihren linken Arm, als wir sie vorsichtig an Lightoller übergaben, der sie in das Boot setzte. Es folgte ein Dialog zwischen Colonel Astor und dem Offizier, dem ich intensiv und mit größtem Interesse lauschte. Astor stand ganz in der Nähe in einem Fensterrahmen links von mir. Indem er sich über die Reling lehnte, erbat er Lightollers Erlaubnis, ins Boot zu dürfen und seine Frau zu beschützen. In Anbetracht ihres schwächlichen Zustandes erschien dies eine annehmbare Bitte zu sein, aber der Offizier, der den Millionär nicht kannte, ganz auf seine Pflicht bedacht war und seine Befehle befolgen wollte, antwortete: "Nein, Sir, in diesen Booten sind keine Männer erlaubt, solange nicht alle Frauen darin verstaut sind." Colonel Astor erhob keinen Einspruch und trug die Weigerung tapfer und mit Fassung. Dann fragte er noch nach der Nummer des Bootes, damit er später, sollte auch er gerettet werden, seine Frau wiederfinden könne. "Nummer vier", war Lightollers Antwort. Damit war das Gespräch beendet. Colonel Astor verließ seine Position und ich sah ihn nie mehr wieder. Ich glaube nicht einen Moment lang, dass er versuchte, in ein Boot zu gelangen oder dies sogar geschafft hat. Sollte ihm überhaupt jemals der Gedanke gekommen sein, konnte dies nur zum gegenwärtigen Zeitpunkt, in diesem Boot und mit seiner Frau, gewesen sein. Der Zweite Offizier Lightoller konnte sich sofort an diesen Vorfall erinnern, als ich ihn danach fragte. Nur durch mich kannte er Colonel Astors Identität. "Ich dachte", sagte er, "dass der Passagier die Nummer des Rettungsbootes aus irgendeinem unbekannten Grund haben wollte, vielleicht um sich über mich zu beschweren. " Ich schließe aus der Tatsache, dass ich Colonel Astor später auf dem Bootsdeck nicht mehr gesehen habe, und dass seine gefundene Leiche zertrümmert war (glaubt man der Aussage von Mr. Harry K. White aus Boston, dem Schwager von Mr. Edward A. Kent, meinem Schul- und Jugendfreund), dass er vom Schicksal ereilt wurde, als die Dampfkessel das Schiff durchtrennten. Aber davon später mehr.

Während wir die Boote beluden, erinnere ich mich an eine junge Frau, die ein Baby in ihren Armen trug und dies ganz nah bei sich hielt. Sie näherte sich der hohen Reling des Schiffes, war aber keinesfalls gewillt, ihr Kleines auch nur für eine Sekunde wegzugeben, damit sie das Rettungsboot besteigen konnte. Als sie sich traurig ans hintere Ende der Menge an Deck zurückzog, folgte ich ihr und überredete sie, mich wieder zurück zur Reling zu begleiten. Sie sollte mir das Baby anvertrauen und ich versprach ihr, dass der Offizier es ihr sofort zurückgeben würde, nachdem sie das Boot bestiegen hatte. Ich erinnere mich an ihre Beklemmung, als sie einwilligte, und den fröhlichen Ausdruck auf ihrem Gesicht, als sie mit dem Baby sicher im Boot saß. "Wo ist mein Baby?", jammerte sie ängstlich. "Ich habe Ihr Baby", rief ich, als es sanft zu ihr heruntergereicht wurde. Ich erinnere mich sehr gut an diese Begebenheit, da mich ein seltsames Gefühl beschlich, während ich das Baby, wenn auch nur für eine kurze Zeitspanne, in meinen Armen hielt. Ich fragte mich nämlich, wie es zu gelingen konnte, es in meinen Armen zu behalten, sollten die Rettungsboote weg sein, das Schiff sinken und ich ins Wasser stürzen.

Gemäß Lightollers Zeugenaussage vor dem Komitee des Senats setzte er 20 bis 25 Frauen ins erste Boot, dazu zwei Matrosen, die rudern sollten. Das zweite Boot belud er mit dreißig, dazu ebenfalls zwei Matrosen.

Unsere Bemühungen die Boote zu beladen, verlagerten sich nun auf das darüberliegende Bootsdeck, wohin Clinch Smith und meine Wenigkeit Lightoller und der Crew folgten. Auf diesem Deck gab es einige Schwierigkeiten, die Boote auf das Abfieren vorzubereiten. Dafür waren verschiedene Ursachen möglich, zum Beispiel fehlender Drill, eine zu geringe Anzahl von Matrosen für so einen Notfall oder auch die neuen Takel, die noch nicht sauber arbeiteten.

Am meisten Kummer bereitete uns das Engelhardt-Boot, das wir über die Reling heben und schieben mussten. Meine trainierten Schultern und meine Kraft waren mir und der Crew bei dieser Arbeit ungemein nützlich. Lightollers Zeugenaussage sagt uns, dass er immer mehr Risiken einging, je dramatischer die Situation wurde. Das dritte Boot lud er mit 35 Personen so voll, wie er es gerade noch verantworten konnte. Zu diesem Zeitpunkt fehlten ihm auch bereits weitere Matrosen, so dass er den ersten männlichen Passagier ins vierte Boot setzen musste. "Sind Sie ein Seemann?", fragte Lightoller und erhielt von dem angesprochenen Gentleman die Antwort, dass er "ein Segler war." Lightoller sagte ihm, dass er "ins Boot steigen solle, falls er Seemann genug war, um über die Verschanzung dorthin zu klettern." Dieser besagte Passagier war Major Arthur Peuchen aus Toronto, der tapfer tat, was man ihm sagte. Ich war so konzentriert darauf, die Boote zu beladen, dass ich nicht bemerkte, wie die Zeit verging und weder Sicht noch Gehör während dieser Zeitspanne weitere Eindrücke aufnahmen oder zuließen – bis auch das letzte Boot beladen war. Nur eines weiß ich noch ganz sicher, nämlich, dass jeder Mann, jede Frau, jeder Offizier und jedes Mitglied der Crew seine Pflicht tat, und zwar ohne jedes Zeichen von Angst oder Unsicherheit. Lightollers laute und feste Stimme ließ seine Befehle klar und deutlich ertönen, versprühte Zuversicht und forderte Gehorsam. Nicht eine einzige Frau vergoss Tränen oder zeigte Zeichen von Angst oder Verzweiflung. Nicht ein einziger Mann in diesem Schiffsquartier äußerte den Wunsch, in die Boote zu gelangen und mit den Frauen zu entkommen. Kein einziges Mitglied der Crew drückte sich oder verließ seinen Posten. Die Kaltschnäuzigkeit, der Mut und das Pflichtbewusstsein, dessen ich hier Zeuge wurde, ließen mich Gott danken und machten mich stolz auf meine angelsächsische Rasse, die in dieser Stunde härtester Prüfung das äußerste Maß an Selbstbeherrschung zeigte. "Als wir das sechste Boot abfierten, war das Bootsdeck nur noch drei Meter über dem Wasser", sagte Lightoller aus, "und als wir das erste abfierten, betrug der Abstand zum Wasser gut über 20 Meter." Wir hatten nun alle Frauen, die in diesem Schiffsquartier in der Nähe waren, verladen und ich lief mit Clinch Smith ein Stück auf der Backbordseite nach achtern und rief: "Sind da noch mehr Frauen? Sind da noch mehr Frauen?" Als ich zurückkam, neigte sich das Schiff bereits fühlbar in Richtung der Backbordseite, als ob es umkippen wolle. Auch das Deck hatte eine entsprechende Schräge. "Alle Passagiere nach steuerbord", war Lightollers lautstarker und für uns alle klar zu vernehmender Befehl. Ich glaubte, dass nun, nachdem alle Boote abgelegt hatten, die finale Krise gekommen war und wir alle ins Meer stürzen würden.

In meinen Gedanken begannen sich immer mehr Gebete zu formen, dass mein Leben doch noch gerettet werden könne und ich meine Lieben daheim doch wiedersehen sollte. Ich wog das Für und Wider sorgfältig gegeneinander ab und zweifelte, ob ich überhaupt Gottes Gnade und Schutz würdig war. Ich fragte mich, ob ich meine religiösen Pflichten gemäß den Anleitungen meines ersten Religionslehrers, Reverend Henry A. Colt von der St. Paul's School in Concord, New Hampshire, ausreichend erfüllt hatte. Mein Training in West Point kam mir sehr dabei zugute, in so einer Lage Autoritäten anzuerkennen und meine Fassung zu bewahren.

Mein Freund Clinch Smith drängte darauf, Lightollers Befehl sofort zu befolgen und wir überquerten gemeinsam mit anderen Passagieren das Schiff auf die Steuerbordseite. Dort, voraus auf dem bekannten Bootsdeck, hatte der

Erste Offizier Murdoch das Kommando, der ebenfalls bereits tapfer seine Arbeit verrichtet hatte und schon bald sein Leben verlieren sollte. Obwohl das Deck hier noch nicht so schräg war wie auf der Backbordseite, waren die Zustände dort nicht weniger verzweifelt. Alle Rettungsboote waren abgefiert worden und hatten abgelegt. Das Licht reichte noch aus, um einige von denen zu erkennen, die mir wohlbekannt waren. Dort, bleich und entschlossen, standen John B. Thayer, Zweiter Vizepräsident der Pennsylvania Railroad und George D. Widener. Sie schauten über das Dollbord des Schiffes und unterhielten sich angestrengt, als ob sie entscheiden mussten, was nun zu tun sei. Neben ihnen entdeckte ich entsetzt Mrs. J. M. Brown und Miss Evans, die zwei Damen, die ich vor über einer Stunde, wie bereits berichtet, auf dem A-Deck der Obhut von Sechstem Offizier Moody übergeben hatte. Er hatte mir ja verwehrt, die Damen höchstselbst zu begleiten und ihnen beim Einstieg in ein Boot behilflich zu sein. Als sie sich leise mit mir unterhielten, zeigten sie keinerlei Anzeichen von Bestürzung. Mrs. Brown erzählte schnell, wie sie in der Menge von ihren Schwestern, Mrs. Appleton und Mrs. Cornell getrennt wurden. Ach! hätten sie sich doch auf der Backbordseite des Schiffes aufgehalten, dort wären sie auf dem A-Deck oder dem Bootsdeck nach voraus gegangen! Stattdessen sind sie von ihrem ursprünglichen Standort auf unerklärliche Weise diagonal zum entferntesten Punkt geirrt. Als wir uns vorgestellt wurden, hatte ich Miss Evans Namen nicht verstanden, und als wir nun in dieser kritischen Situation beieinanderstanden, hielt ich es für wichtig, danach zu fragen. Bereitwillig nannte sie mir ihren Namen. In der Zwischenzeit arbeitete die Besatzung auf dem Dach des Offiziersquartiers und versuchte, eines der Engelhardt-Boote loszubekommen. All dies geschah schneller, als ich es hier aufschreiben kann.

In der Zwischenzeit versuche ich zu beschreiben, was im Backbordquartier vor sich ging, wo ich Lightoller, der gerade das letzte Boot dort beladen hatte, zurücklassen musste. Diese Information erhielt ich persönlich von ihm, während ich ihn in den Tagen darauf an Bord der *Carpathia* sorgfältig befragte. Ich machte mir Notizen, welche die Woche darauf vor dem Untersuchungsausschuss des Senats, der uns beide vorlud, bestätigt wurden. "Männer vom Zwischendeck", sagte er, "haben das Boot gestürmt." "Gestürmt" ist genau das Wort, das er benutzte und meinte damit, dass sie ohne seine Erlaubnis dort hineingelangt sind. Er zog seine Pistole und befahl ihnen, sofort auszusteigen; er drohte damit, sie zu erschießen, sollten sie nochmals versuchen, in das Boot zu steigen. Ich vermute, dass es dieser Zwischenfall war, der dazu führte, dass die Crew die Linie bildete, auf die ich mich gleich beziehen werde und in die ich hineinlief. Diese Linie hinderte die männlichen Passagiere daran, sich dem letzten Boot backbord voraus zu nähern, dem letzten, das sicher vom Schiff abgefiert werden konnte.

Die nun folgende Geschichte, nämlich das, was Mrs. Brown und Miss Evans passiert ist, nachdem sie mich verlassen hatten, entspricht dem, was Mrs. Brown mir selbst an Bord der Carpathia berichtet hat, wo ich sie nach dem Unglück wiedertraf. Miss Evans ging voraus, sagte sie, als sie sich der Reling dort näherten, wo das – so erwies es sich später – letzte Rettungsboot beladen wurde. Im Geiste heldenhafter Selbstaufopferung bestand Miss Evans darauf, dass Mrs. Brown zuerst an Bord geholfen wurde. "Du gehst zuerst", sagte sie, "du bist verheiratet und hast Kinder." Aber als Miss Evans versuchte, ihr zu folgen, ging das aus unerfindlichen Gründen nicht mehr. Es schien so, als ob die Frauen im Boot nicht in der Lage gewesen wären, sie ins Boot hineinzuziehen. Dazu musste sie zuerst das gut über ein Meter hohe Dollbord des Schiffes überwinden und zu diesem Zeitpunkt war kein männlicher Passagier oder ein Mitglied der Crew in der Nähe, das ihr dabei hätte helfen können. Ich habe Mr. Lightoller mehrmals dazu befragt, aber er hatte keine plausible Erklärung dafür und konnte es auch nicht verstehen, denn als er die Order gab, das Boot abzufieren, war keine Frau in Sicht. Ich habe ihn ebenfalls gefragt, ob zwischen der Reling und dem Rettungsboot, das er belud, ein Zwischenraum war, aber auch dies hat er mit einem "Nein" beantwortet. Auch beim letzten Boot stand er, wie bereits beschrieben, mit einem Fuß auf dem Dollbord und mit dem anderen im Boot. Ich hatte überlegt, ob sich durch die Schlagseite des Schiffes nicht ein großer Spalt geöffnet und dies verhindert hatte. Vielleicht lieferte das, was ich in einem Brief von Mrs. Brown gelesen hatte, einen Grund für Miss Evans' fruchtlose Versuche in ein Rettungsboot zu steigen, in dem noch jede Menge Platz gewesen wäre. "Macht nichts", soll sie gerufen haben, "ich steige später in ein anderes Boot." Dann rannte sie weg und wurde nie wiedergesehen; man könnte zu dem Schluss kommen, dass sie eine vorübergehende Eingebung, vielleicht auch die Enttäuschung darüber, dass sie nicht in der Lage gewesen war, in das Boot zu klettern, dazu verleitete, auf der Backbordseite nach achtern zu gehen, wo sie dann spurlos verschwand. Weder ich noch der Zweite Offizier sahen in den folgenden fünfzehn oder zwanzig Minuten bis das Schiff sank weitere Frauen an Deck.

Eine Durchsicht sowohl der amerikanischen als auch der britischen Gutachten zeigt, dass alle Frauen und Kinder der ersten Klasse gerettet werden konnten – bis auf fünf von insgesamt 150 Passagieren. Dies waren: (1) Miss Evans; (2) Mrs. Straus; (3) Mrs. H. J. Allison aus Montreal; (4) ihre Tochter Miss Allison und (5) Miss A. E. Isham aus New York. Über die erstgenannten habe ich bereits berichtet. Mrs. und Miss Allison hätten gerettet werden können, wenn sie es nicht vorgezogen hätten, auf dem Schiff zu bleiben. Sie weigerten sich die Rettungsboote zu besteigen, solange Mr. Allison dies verwehrt wurde. Mrs. H. A. Cassobeer aus New York erzählte dies in meiner Gegenwart dem Bruder von Mrs. Allison, Mr. G. F. Johnston. Die geretteten Passagiere der Ersten Klasse werden sich an die schöne Mrs. Allison und ihre heroische Tat erinnern. Sie steht, genau wie Mrs. Straus, die ein ähnliches Schicksal erlitten hat, für alle Zeiten als Denkmal für viele andere, die sich opferten. Die fünfte Dame, die ihr Leben verlor, war Miss A. E. Isham, und sie ist die einzige, von der, soweit ich das beurteilen kann, kein einziger Überlebender Zeugnis darüber ablegen kann, wo sie in dieser schicksalhaften Samstagnacht war und was sie tat. Nachdem die Verwandten herausgefunden hatten, dass ihre Kabine, Nr. C49, neben meiner lag, schrieben sie mir in der Hoffnung, dass ich ihnen Informationen über ihre letzten Stunden auf der havarierten Titanic geben könnte und sie damit ihre trauernden Herzen erleichtern konnten. Bedauernswerterweise hatte ich meine Nachbarin nie gesehen, und da ich nie ihre Bekanntschaft gemacht hatte, konnte ich sie auch nicht identifizieren. Ich war hingegen froh, dass ich ihrer Familie wenigstens in einem Punkt Klarheit verschaffen konnte, nämlich, dass sie nicht das schreckliche Schicksal teilen musste, das sie am meisten fürchteten: sie war sicher nicht in ihrer Kabine eingeschlossen gewesen. Nachdem mich die Kollision geweckt hatte, war ich noch zweimal in meiner Kabine gewesen und ich bin sicher, dass sie in voller Kenntnis dessen war, was passiert ist und dass man auch ihre Kabine abgeschlossen hat, nachdem sie diese verlassen hatte.

Die einfache Tatsache, dass alle Damen der Ersten Klasse mit Ausnahme von fünf – von denen drei den Heldentod gewählt hatten und zwei unglücklich den Tod fanden – in die Rettungsboote geschickt und damit gerettet wurden, ist in sich der höchste Tribut, den man der Selbstaufopferung und dem Edelmut der Herren der Ersten Klasse zollen muss, inklusive der großen Helden, die mit dem Schiff untergingen und denen, die die Tragödie überlebten. Alle authentischen Aussagen sowohl der Passagiere der Ersten und Zweiten Klasse belegen ebenfalls, dass der Befehl des Kapitäns, Frauen und Kinder zuerst zu verladen, die einstimmige Zustimmung aller fand und in Wortlaut wie auch Sinn ausgeführt wurde. Als der Zweite Offizier Lightoller vor dem Komitee des Senates aussagte, wurde er gefragt, ob die Order des Kapitäns ein "Gesetz der See" war. Er antwortete, dass es ein "Gesetz der Menschlichkeit" war. Ich habe keinerlei Zweifel zu glauben, dass sich die Männer in dem Quartier, in dem ich mich befand, genauso verhalten hätten, wenn es diesen Befehl nicht gegeben hätte. Nach meiner eigenen Beobachtung, die sich mit der des Zweiten Offiziers in diesem Punkt zu 100 Prozent deckt, legten alle sechs Boote, inklusive des letzten, ausschließlich mit Frauen und Kindern ab. Der einzige männliche Passagier war besagter Major Peuchen, dessen Dienst man als Ersatz für fehlende Seeleute in Anspruch nahm. Weiterhin kann ich behaupten, dass es mit Ausnahme von Colonel Astor, der flehte, seine Frau in heikler Lage beschützen zu dürfen, keinen einzigen Passagier gab, der sich anschickte oder andeutete, ein Boot besteigen zu wollen.

Obwohl das Licht an Deck nur schummerig war, reichte es mir in jedem Fall noch aus, jeden zu erkennen, der mir bekannt war. Ich bin in der glücklichen Lage, hier zweifelsfrei die Namen derer aufschreiben zu können, die mit mir diese letzten Szenen durchlebten, als Lightollers Boote abgefiert wurden und schließlich das letzte Boot das Schiff verlassen hatte. Die Namen waren: James Clinch Smith, Colonel John Jacob Astor, Mr. John B. Thayer und Mr. George D. Widener. Soweit mir bekannt ist, und meine Recherchen waren wirklich umfassend, bin ich der letzte überlebende Passagier, der bei Lightoller war und dabei half, die letzten Boote zu beladen. Als ich das erste Mal realisierte, dass alle Rettungsboote das Schiff verlassen hatten, war dieses Gefühl kein angenehmes. Zwar konnte sich die Angst nicht meines Verstandes bemächtigen, aber ich erlebte ein Gefühl, das andere wohl am ehesten damit vergleichen können, wenn man im Angesicht eines fürchterlichen Notfalls den Atem anhält – oder "*vox faucibus haesit*", wie es dem alten trojanischen Helden unserer Schulzeit oft passiert ist. Es war das, was Angst, wenn man sie so charakterisieren will, am nächsten kam und in einer Analyse meiner Handlungen und Emotionen während der vielen Gefahren, durch die ich in dieser Nacht der Schrecken ging, am ehesten herauszufiltern war. Obwohl die Lage schon bald sehr viel schlimmer und aussichtsloser werden sollte und ich aufgrund der vielen unerwarteten Probleme oftmals dachte, dass "jeder Moment der letzte sein könnte", hatte ich keine Zeit, über die Gefahr an sich nachzudenken. Ständig waren schnelle Entscheidungen und Handlungen gefragt – und obendrein noch ein großes Maß an Selbstbeherrschung. Hätte ich mich auch nur für einen Moment aus dem Konzept bringen lassen, oder wäre ich während der schon bald hier beschriebenen Notfälle unentschlossen gewesen, ich bin sicher, dass ich die Geschichte meiner wundersamen Rettung nicht mehr hätte erzählen können. Es passt gerade überaus gut, dass ich, voller Dankbarkeit für meinen Schöpfer, hier einräume, dass ich kein anderes überliefertes Ereignis glücklicher Erlösung kenne, das man mehr dem Prinzip von Ursache und Wirkung zuschreiben kann, das mehr die Wirksamkeit von Gebeten oder den Satz "Hilf dir selbst, dann hilft dir Gott" unterstreicht. Ich hätte das Schicksal vieler hundert anderer Passagiere geteilt, wenn ich meine Gebete nicht inbrünstig mit aller Kraft und Stärke, die Er mir verliehen hat, untermauert hätte. Während ich mir selbst sagte, "Lebewohl ihr daheim", hoffte und betete ich um Rettung. Mein Verstand war darauf getrimmt, die

Pflicht des Augenblicks zu erfüllen und meine Muskeln schienen stahlhart zu sein in Vorbereitung auf die bevorstehenden Anstrengungen. Als ich erfuhr, dass da noch ein weiteres Boot, das Engelhardt, auf dem Dach des Offiziersquartiers war, schöpfte ich Mut in dem Gedanken, dass es noch eine Möglichkeit des Entkommens gab, bevor das Schiff sank; aber was war ein Boot für so viele Menschen, die dort hineinwollten?

Nach meiner kurzen Abwesenheit, in der ich die Damen zu einem sicheren Ort begleitete, waren Mr. Thayer und Mr. Widener verschwunden. Ich habe keine Ahnung, wohin. Vermutlich war Mr. Wideners Sohn Harry bei ihnen, während Mr. Thayer schon vorher vermutet hatte, dass sein Junge, Jack, das Schiff mit demselben Boot wie seine Mutter verlassen hatte. Thayer und Widener müssen in meiner Absenz in Richtung des Hecks gegangen sein. Bis zu diesem Zeitpunkt war noch niemand ins Meer gesprungen. Sowohl Clinch Smith als auch ich hätten dies wahrgenommen. Später, als das Wasser voraus die Brücke geflutet hatte, sind viele nach achtern gerannt, über die Reling geklettert und gesprungen. Aber ich habe nie wieder einen von ihnen gesehen.

Mittlerweile half ich der Crew dabei, die Ladebäume steuerbord voraus zu justieren und auf das Abfieren des Engelhardt-Bootes vom Dach des Offiziershauses auf das darunterliegende Bootsdeck vorzubereiten. Jemand oben auf dem Dach rief: "Hat einer der Passagiere ein Messer dabei?" Ich zog meines aus der Tasche, warf es ihm zu und sagte: "Hier ist ein kleines Taschenmesser, vielleicht hilft es ja." Es schien mir, als ob es beim Entfernen der Segeltuchhülle und dem Losmachen des Bootes mehr Probleme gab, als dies normalerweise der Fall war, und dass es Werkzeug geben musste, um dies ohne jede weitere Verzögerung zu erledigen. In der Zwischenzeit waren vier oder fünf lange Ruderblätter schräg gegen die Wand des Offiziershauses gelegt worden, um den Sturz des Bootes zu bremsen. Dieses wurde vom Dach geschoben und rutschte krachend hinunter aufs Bootsdeck. Auf dem Weg zerstörte es gleich mehrere der Ruderblätter. Clinch Smith und ich hasteten aus dem Weg und beobachteten diese Prozedur mit unseren Rücken an der Reling lehnend. Unsere Sorge war, dass das Boot dabei Risse oder andere Schäden erlitten hatte und somit im Wasser lecken würde. Der Bericht des nachrangigen Telegrafisten, Harold S. Bride, ergänzt dies wie folgt: "In der Nähe eines der Schornsteine", sagte er, "sah ich ein faltbares Boot und ging dorthin. Zwanzig Männer versuchten, es hinunter aufs Bootsdeck zu befördern. Sie taten sich wirklich sehr schwer. Ich schaute ein paar Minuten sehnsüchtig hinüber, dann half ich auch mit und runter ging es damit."

Ich erinnere mich, dass ungefähr zu diesem Zeitpunkt ein Offizier auf dem Dach des Hauses stand und zur Crew in diesem Quartier hinunterrief: "Sind da unten einige Matrosen?" "Aye, Aye, Sir!", war die Antwort. Einige Männer verließen das Bootsdeck, um, wie ich vermute, dabei zu helfen, dass zweite Engelhardt auf dem Dach loszumachen. Wieder hörte ich die Fragen nach einem weiteren Messer. Ich glaubte, die Stimme des Zweiten Offiziers gehört zu haben, der dort oben mit der Mannschaft arbeitete. Lightoller erzählte und schrieb mir später, dass "Boot A auf der Steuerbordseite das Schiff nie verlassen hat, während "B" hinunter aufs Bootsdeck geworfen wurde." Dies war das Boot, das er und ich schließlich bestiegen. Die Crew hatte das Engelhardt aufs Deck geworfen, aber ich verstand nicht, warum sie so lange dafür brauchten, es zu Wasser zu lassen – falls sie nicht warten wollten, bis sie das andere losgemacht hatten und beide gleichzeitig vom Stapel zu lassen. Zwei jüngere Männer der Crew, schön anzusehen in ihren weißen Anzügen, diskutierten gelassen darüber, ob die Zellen des Schiffes es nicht über Wasser halten würden. Sie standen mit ihren Rücken zur Reling und betrachteten den Rest der Mannschaft. Ich erinnere mich, dass ich einen gefragt habe, warum er nicht hilft.

Um diese Zeit standen andere Passagiere um uns herum, aber Clinch Smith war der einzige, mit dem ich bis zum Schluss verbunden war. Ungefähr 15 Minuten, nachdem das letzte Rettungsboot auf der Backbordseite gestartet war, hörte ich ein Geräusch, das unter uns allen Betroffenheit auslöste. Es war das Wasser, das die Brücke getroffen hatte und den Niedergang voraus hinaufgurgelte. Es sah aus, also sollte es jeden Moment das Bootsdeck erreichen. Es schien, als ob die Crew noch sehr lange benötigte, bis sie das Engelhardt aufgerichtet und über die Reling gewuchtet haben würde, und es warteten so viele darauf, dass es mit Sicherheit sofort gesunken wäre. Vielleicht hatte er all diese Punkte bedacht, als Clinch Smith den Vorschlag machte, dass wir uns in Richtung des Hecks absetzen sollten. Immer noch auf der Backbordseite ging er los und ich folgte ihm in kurzer Distanz. Wir waren nur ein paar Schritte in die genannte Richtung gegangen, als uns eine mehrere Reihen tiefe Masse Menschen entgegenkam, die aus den unteren Decks nach oben wollte. Sie sahen in unsere Richtung, bevölkerten das Bootsdeck und blockierten unseren Weg zum Heck auf ganzer Linie.

In der Menge sahen wir Frauen und Männer, anscheinend Passagiere aus dem Zwischendeck. In dem Moment, als sie uns und das hinter uns einströmende Wasser sahen, drehten sie um in Richtung des Hecks. Dies brachte sie sofort lotrecht an den Eisenzaun und die Reling, welche die Kabinen der Passagiere der Ersten und Zweiten Klasse trennten. Selbst von diesen Menschen hörte man keinen hysterischen Schrei oder sah ein

Anzeichen von Panik, aber ach, die Todesangst unter ihnen! Clinch Smith und ich sahen sofort, dass hier kein Vorwärtskommen war, und das uns folgende Wasser brachte uns in eine verzweifelte Lage. Ich werde nie den genauen Platz auf dem Schiff vergessen, an dem er und ich standen, nämlich direkt im Winkelkreuz der Wände des Offiziershauses und nur ein kurzes Stück achtern der vorderen "Dehnungsfuge" der Titanic. Clinch Smith stand direkt links von mir, näher zum Scheitelpunkt des gedachten Winkels, und unsere Rücken zeigten zur Schiffsreling und zur See. Als ich hoch in Richtung des Daches des Offiziershauses blickte, sah ich rechts über mir dort einen Mann liegen, den Bauch auf dem Dach und die Beine hinten hinausbaumelnd. Clinch Smith sprang hoch, um dieses Dach zu erreichen, und ich tat es ihm nach. Aber beide Versuche scheiterten. Ich war schwer beladen mit dem langen Überzieher und dem Norfolk-Mantel darunter. Darüber trug ich die klobige Rettungsweste und das ganze Gewicht ließ mich zu kurz springen. Als ich landete, berührte das Wasser schon meine rechte Seite. In Vorbereitung auf den nächsten Sprung, sozusagen wie vom Kamm einer Welle an der Meeresküste, kauerte ich mich tief hinunter und sprang ab. Dieser Behelf ließ mich das Ziel, das ich vor Augen hatte, erreichen. Es gelang mir, das Dach und die umlaufende Reling zu erreichen, diese zu überklettern und mich in der Nähe des zweiten Schornsteins auf den Bauch zu legen. Das Kunststück, das mir gerade instinktiv gelungen war, war noch das einfachste und jedem Badegast in der Brandung einer Küste geläufig. Mir blieb keine Zeit mehr, Clinch Smith zu raten, es mir nachzumachen. Ein schneller Blick nach links und rechts ließ mich voller Bestürzung erkennen, dass er meinem Beispiel nicht gefolgt war. Die Welle, wenn ich sie mal so nennen darf, die mich aufs Dach der Welle spülte, hatte ihn vollständig verschluckt, genau wie alle anderen Menschen zu beiden Seiten – den Mann, den ich zuvor noch querab des Daches gesehen hatte, eingeschlossen. So wurde ich für alle Zeiten von meinem Freund Clinch Smith, mit dem ich übereingekommen war, bis zum letzten Kampf zusammenzubleiben, getrennt. Fast schon fühlte ich mich ein bisschen verantwortlich für unsere Trennung, aber er war nirgendwo zu sehen und es gab keine Gelegenheit, ihm zu helfen. Über sein schlussendliches Schicksal kann ich nur Mutmaßungen anstellen. Eingeschlossen zwischen der Menge, die in Richtung des Hecks stand und der Örtlichkeit, die ich vorhin beschrieben habe, scheint es fast sicher, dass sich sein Körper in dem Winkel oder Seilrollen oder anderen Ausrüstungsgegenständen an Deck verfing, und er beim Überholen (*nautisch: kippen*) und Sinken des Schiffes mit in die Tiefe gerissen wurde. Es hätte keinen tapfereren Mann als James Clinch geben können! Während der ganzen Zeit inmitten dieser Katastrophe war er die Verkörperung von Kaltschnäuzigkeit und Mut. In dieser tragischen Nacht standen wir an verschiedenen Orten des Schiffs beieinander und kommunizierten, aber niemals zeigte er auch nur einen Anflug von Angst, sondern die unerschütterliche Ruhe, die all seinen Freunden, die mit seiner Familie seinen Tod betrauern, so wohlbekannt ist. Sein Verhalten sollte uns allen eine Inspiration sein und ein passender Nachruf in den Worten Jesu Christi wäre: " Niemand hat größere Liebe denn die, dass er sein Leben lässt für seine Freunde." (Johannes 15:13)

KAPITEL III – DER UNTERGANG DER "TITANIC"

"Die am Meer wohnen, sind so erschrocken, dass sie nicht Ruhe haben können." — Jeremias 49:23.

Bevor ich die Geschichte meiner persönlichen Rettung wiederaufnehme, ist es an dieser Stelle sachdienlich, einige Punkte zu besprechen, in denen die Aussagen der Überlebenden weit auseinandergehen.

Erstens: Gab es eine Explosion der Dampfkessel?

Ich bin der Meinung, dass es die nicht gab, denn ich hätte sie sicher bemerkt. An Bord des Schiffes hätte ich sie gehört und gefühlt, aber das war nicht der Fall. Nachdem all meine Sinne ständig nach Gefahren fahndeten, kann ich mir nicht vorstellen, wie so eine Explosion stattgefunden haben sollte, ohne dass ich sie bemerkt hätte. Als ich mich am Schiff festhielt, mit ihm unterging und unter Wasser war, hörte ich nichts, was auf so einen Vorfall hingedeutet hätte, und als ich wieder aufgetauchte, war kein anderes Schiff in Sichtweite. Auch hatte es keine wahrnehmbare Welle gegeben, die solch ein Zwischenfall mit Sicherheit ausgelöst hätte.

Die beiden hochrangigen Offiziere der Titanic, Zweiter Offizier Lightoller und Dritter Offizier Pitman, mit denen ich diesen und andere Punkte beinahe täglich in meiner Kabine auf der *Carpathia* diskutierte, stimmten mir zu, dass es keine Explosion der Dampfkessel gegeben hatte. Der Zweite Offizier und ich selbst hatten schon mehrfach Erfahrungen dieser Art gemacht, wie der geneigte Leser im weiteren Verlauf dieses Berichtes bemerken wird – und wir waren beide ständig in unmittelbarer Nähe in dieser schlimmen, gefahrvollen Nacht. Der einzige erhebliche und anmerkenswerte Unterschied war, wie wir uns beide vom Schiff trennten und das kieloben treibende Engelhardt erreichten, auf dem wir schließlich gerettet wurden. Gemäß seiner Aussage vor dem Komitee des Senates stand er auf dem Dach des Offiziershauses vor dem ersten Schornstein und schaute Richtung Bug. Als das Schiff abtauchte, tat er es ihm gleich. Ich hielt mich, wie schon beschrieben, an der Stahlreling in der Nähe des zweiten Schornsteins fest und als das Schiff sank, wurde ich mit ihm hinuntergezogen. Die Entfernung zwischen Lightoller und mir betrug da vielleicht 13 oder 14 Meter.

Es gibt so viele Zeitungs- oder andere Berichte, welche die Aussagen einiger Überlebenden als Beleg für die Explosion der Dampfkessel zitiert haben, dass die Leser dieser Welt dies auch bereitwillig geglaubt haben. Unter den Namen der Passagiere, deren vermeintliche Aussagen so beglaubigt wurden (ich habe Briefe erhalten, in denen einige dieser Interviews dementiert werden), sind Miss Cornelia Andrews aus Hudson, New York; Mrs. W. E. Carter aus Philadelphia, Pennsylvania.; Mr. John Pillsbury Snyder aus Minneapolis, Minnesota; Miss Minahan aus Fond du Lac, Wisconsin, und Lady Duff Gordon aus England. Glaubt man den Zeitungsberichten, waren diese Personen ausnahmslos in den Rettungsbooten rund um das Schiff verteilt und hörten, oder sahen, wie das "Schiff hochging" oder "die Kessel explodierten" und das Schiff nach ein oder zwei Detonationen aus ihrem Sichtfeld verschwand. Andererseits erzählte mir Mr. Hugh Woolner auf der *Carpathia*, dass er ein schreckliches Geräusch hörte, als sich das Schiff für das finale Abtauchen schieflegte. Aus seiner Position im Rettungsboot, das seiner Meinung nach am nächsten zur Titanic war, als sie ungefähr 70 Meter entfernt unterging, hörte es sich an, als ob eine Million Geschirrteile zerbersten würden.

Wie ich später detailliert beschreiben werde, teilten Woolner und ich uns eine Kabine an Bord der *Carpathia*, wo uns die Offiziere Lightoller und Pitman besuchten. Der Riesenlärm war einer der Punkte, die wir dort diskutierten, und wir kamen sofort überein bezüglich der einzig möglichen Ursache dafür. Seither wurde Lightoller immer wieder strengen Verhören vor amerikanischen und englischen Untersuchungskomitees unterzogen und beteilige sich an allerlei Diskussionen mit Experten, darunter auch die Erbauer und Planer der Titanic. Seine Schlussfolgerung, die er uns auf der *Carpathia* mitteilte, ist mittlerweile gefestigt und lautet wie folgt: der große Lärm wurde durch die Dampfkessel verursacht, die ihre Lagerungen auf dem E-Deck verlassen hatten und, bedingt durch die Schräglage des Schiffes, den Boden entlangschlitterten und krachend durch das dem Untergang geweihte Schiff in Richtung Bug jagten. Der Dritte Offizier Pitman gab dazu, wie auch zu den weiteren Punkten, eine Erklärung ab. Vor dem Senatskomitee sagte er: "Dann richtete sie sich senkrecht auf und tauchte tief ein. Die Titanic brach nicht entzwei. Ich hörte etwas, ähnlich Kanonenschüssen in der Ferne. Ich vermute, dass die Schottwände auseinandergebrochen sind." Kabinensteward Samuel Rule sagte: "Ich denke, dass der Lärm, den wir alle hörten, von den Dampfkesseln und Motoren stammte, die sich aus den Lagern gerissen hatten und durch die vorderen Schottwände nach unten gefallen sind. Als das passierte, stand das Schiff fast senkrecht im Wasser."

Die eigenartige Art und Weise, in der die Titanic vor dem endgültigen Abtauchen in die darunterliegenden Tiefen nur scheinbar zögernd ihre senkrechte Position eingenommen hatte, ließ sich nur mit der Hypothese der rutschenden Dampfkessel erklären. Ein zweiter Kabinenpassagier und Absolvent der Universität von Cambridge, Mr. Lawrence Beesley, hat ein exzellentes Buch über das Unglück der Titanic geschrieben und hebt darin besonders auf die Lektionen ab, die man daraus lernen kann. Sein Bericht für die Zeitungen enthält auch die lebhafteste Beschreibung des Untergangs aus Sicht der Menschen in den Rettungsbooten und stellt plastisch dar, wie das Schiff in den Sekunden vor dem finalen Abtauchen aussah. Er "war ein oder zwei Meilen entfernt", schreibt er, "als die Ruderer ihre Blätter absetzten und alle im Rettungsboot bewegungslos und in absoluter Stille das Schiff betrachteten – mit Ausnahme einiger, die nicht hinüberschauen wollten und stattdessen ihren Kopf an der Schulter des Nebenmanns bargen. . . . Als wir ehrfürchtig schauten, richtete sie sich minimal auf, sich scheinbar um ein Zentrum leicht achtern mittschiffs drehend, bis sie senkrecht und gerade dastand – bewegungslos! Als sie sich aufrichtete, gingen ihre Lichter, welche die ganze Nacht ohne jedes Geflimmer gebrannt hatten, plötzlich aus, leuchteten in einem kurzen Blitz nochmals auf und erloschen dann für immer; und genau, als dies passierte, hörte man ein Getöse, das viele Menschen fälschlicherweise als Explosion interpretierten. Mir war schon immer bewusst, dass dies nichts als die Motoren und Maschinen waren, die aus ihren Halterungen gerissen worden waren und durch die Schotten krachten. Dabei zerstörten sie alles, was in ihrem Weg stand. Manchmal war es ein Getöse, dann wieder ein Knarzen, dann ein Rasseln und wieder ein Knallen. Aber es war nicht der plötzliche Donner einer Explosion. Der Krach hielt für vielleicht 15 oder 20 Sekunden an, so lange, wie die schwere Maschinerie brauchte, um auf den Boden (eigentlich den Bug) des Schiffes zu fallen. Ich vermute sogar, dass sie das Ende durchbrach und noch vor dem Schiff sank. Aber es war ein Krach, den noch nie jemand zuvor gehört hatte oder jemals wieder hören will. Er war ohrenbetäubend, gewaltig, als er über das Wasser zu uns hinüberschallte. Es war, als habe jemand alle erdenklichen schweren Gegenstände von der Spitze eines Hauses heruntergeworfen, so dass sich diese gegenseitig kaputtschlugen und das Treppenhaus und alles andere, das im Weg war, zerstörten.

"Es hat mehrere, augenscheinlich authentische Berichte gegeben, in denen von einer eindeutigen Explosion gesprochen wird – manchmal sogar mit explodierenden Wrackteilen und auseinanderbrechendem Schiff; ich glaube nicht, dass solche Aussagen genaueren Analysen standhalten werden. Nicht, nachdem die Feuer schon weit vorher gelöscht und der Dampf abgelassen worden war, bevor sie sank; und die Möglichkeit einer Explosion aus diesem Grund erscheint mir mehr als gering."

Zweitens: Ist das Schiff auseinandergebrochen? Ich war auf der *Carpathia*, als ich das erste Mal hörte, wie jemand dies behauptete. Der siebzehnjährige Sohn von Mr. John B. Thayer, "Jack" Thayer, jr., und sein junger Freund aus Philadelphia, R. N. Williams, jr., der Tennisexperte, waren sich bei ihrer Beschreibung der Ereignisse sicher, dass sie gesehen hatten, wie das Schiff in zwei Teile zerbrach. Dies sahen sie angeblich von ihrer Position im Wasser am Steuerbordquartier. "Jack" Thayer erzählte dies auch einem Künstler, der es in einer Zeichnung für den New York Herald festgehalten hat, die viele von uns gesehen haben.

Einige der Passagiere, deren Namen ich gerade genannt habe, werden von den Zeitungen auch als Instanz für die Behauptung angegeben, dass das "Schiff entzweigebrochen sei", dass es "mittschiffs einknickte" oder dass es "sprichwörtlich in Stücke gerissen worden" sei, etc. etc. Auf der anderen Seite sind auch viele Aussagen vorhanden, die das Gegenteil von dem viel beworbenen, aufsehenerregenden Zeitungsbericht behaupten. In Zusammenfassung dieses Punktes liest sich der Bericht des Senatskomitees wie folgt: "Es wurden viele widersprüchliche Aussagen bezüglich der Frage, ob das Schiff auseinandergebrochen sei, gehört. Die Mehrheit der Indizien lässt aber vermuten, dass es eine fast senkrecht Position einnahm und unversehrt sank. " Dies hatte auch Lightoller vor dem Komitee ausgesagt, nämlich dass die Decks der Titanic "absolut unversehrt" waren, als sie unterging. Auch Beesley ist in diesem Punkt derselben Meinung. Von seinem Beobachtungsposten auf dem Rettungsboot aus, in einiger Entfernung, in Sicherheit und entsprechend gefasster, konnte er das dem Untergang geweihte Schiff beobachten, bis es verschwand. "Das Phänomen", fährt er fort, "das in einigen englischen und amerikanischen Zeitungen beschrieben worden ist, fand nicht statt. Das Schiff ist nicht entzweigebrochen und die beiden Enden sind auch nicht wieder auf der Oberfläche aufgetaucht. Als der Krach vorbei war, stand die Titanic immer noch aufrecht wie eine Säule; das Heck und vielleicht 50 Meter von ihr zeichneten sich ab gegen den sternenübersäten Himmel und schimmerte schwarz in der Dunkelheit. So verblieb sie für einige Minuten – ich denke, es waren gute fünf Minuten – aber vielleicht auch weniger. Dann gab das Heck etwas nach, sie glitt langsam durch das Wasser und tauchte in leichter Schräglage ab. "

Aus meiner persönlichen Sicht kann auch ich sagen, dass die Decks der Titanic intakt waren, als sie sank; und als ich mit ihr sank, war fast die Hälfte des Schiffes bereits unter Wasser und es gab keinerlei Anzeichen bevorstehender Brüche in den Decks oder im Schiff selbst. Kürzlich besuchte ich das Schwesterschiff der Titanic, die *Olympic*, im Hafen von New York. Ich bezweckte damit, mich noch mehr mit den entsprechenden Örtlichkeiten vertraut zu machen, welche die Bühnen für meine persönlichen Erfahrungen gewesen waren und auf die ich in dieser Erzählung Bezug nehme. Der einzige Unterschied im Deckplan des Schwesterschiffes, der mir auffiel und welchen der höfliche Offizier auch bestätigte, war das A-Deck, das auf der *Olympic*, im Gegensatz zur Titanic, nicht mit Glas überdacht war; aber einer der auffälligsten Entdeckungen, die ich während meiner Untersuchungen machte, betraf das vermutete Auseinanderbrechen dieses prunkvollen Schiffes. Die Offiziere der White Star Line zeigten mir, was sie als "vordere Dehnungsfuge" des Schiffes bezeichneten und behaupteten, dass das Schiff nur an dieser einen Stelle auseinanderbrechen hätte können, falls es dies überhaupt tat. Interessanterweise lag diese "Dehnungsfuge" nur ungefähr vier Meter von dem Punkt entfernt, an dem ich, wie bereits beschrieben, auf die Stahlreling auf dem Dach des Offiziershauses gesprungen bin. Ein schwarzer, mit Leder überzogener Streifen, der quer über das Deck und dann die senkrechte, weiße Wand des Offiziershauses hinauf verläuft, zeigt ihren Verlauf an. Dieses "Gelenk" erstreckt sich allerdings nur durch das Bootsdeck und die A- und B-Decks, die auf das C-Deck aufgesetzt worden waren. Bei einem Auseinanderbrechen, so erschien es mir auf jeden Fall, wäre dieser schwach verbundene Decksaufbau der Teil gewesen, der gerissen wäre; aber das war ganz sicher nicht der Fall gewesen. Nur Sekunden vor dem vermeintlichen Bruch bin ich über diese Verbindungslinie gegangen und schließlich mit dem hinteren Teil untergegangen, ganze vier Meter entfernt von dieser "Dehnungsfuge."

Eine Erklärung für die Täuschung, auf welche die Anhänger der "Zwei-Teile"-Theorie hereingefallen waren, ist vielleicht der vordere Schornstein. Bei seinem Fall, den ich später beschreiben werde, hat es vielleicht so ausgesehen, als ob das Schiff entzweigerissen worden wäre, besonders für die jungen Männer, die als Zeugen dafür zitiert wurden.

Drittens: Haben sich der Kapitän und/oder der Erste Offizier erschossen?

Unbeschadet der ganzen aktuellen Gerüchte und Zeitungsberichte, welche diese Frage bejahen, habe ich keinen einzigen Passagier und kein Crewmitglied gefunden, das als Quelle dafür zitiert worden wäre, dass Kapitän Smith oder der Erste Offizier Murdoch etwas dergleichen getan hätten. Ganz im Gegenteil gibt es, soweit das Kapitän Smith angeht, mehrere Zeugen, darunter auch der nachrangige Telegrafist Harold S. Bride, die ihn zuletzt auf der Brücke und später um sein Leben kämpfend im Wasser gesehen haben. Ebenso wenig konnte ich irgendeine authentische Zeugenaussage finden, die den Selbstmord des Ersten Offiziers Murdoch verifizieren würde. Auch hier finde ich gegenteilige und vollkommen ausreichende Aussagen, dass er dies nicht getan hat. Er war ein tapferer und hocheffizienter Offizier und es findet sich kein hinlängliches Motiv für Selbstzerstörung. Unter schwierigen Umständen erfüllte er seine Pflichten aufs Beste und verdient höchstes Lob und Ehre. Während der 15 Minuten bevor das Schiff sank, befand ich mich in dem Quartier steuerbord voraus auf dem Bootsdeck, wo Murdoch das Kommando hatte und die unter ihm arbeitende Mannschaft vergeblich versuchte, das

Engelhardt vom Stapel zu lassen. In dieser Zeit hätte der Knall eines nur wenige Meter entfernt abgegebenen Pistolenschusses in meinen Ohren geklingelt und ganz sicher meine Aufmerksamkeit erregt; und später, als ich nach achtern ging, war die Entfernung zwischen uns trotzdem nicht so groß, dass ich ihn nicht gehört hätte. Die "große Welle" oder "gigantische Welle", die Harold Bride beschreibt, spülte zuerst Murdoch und seine Mannschaft vom Bootsdeck herunter, bevor sie mich erwischte; und als sie mich hinauftrug auf das Dach des Offiziershauses, fügen sich Brides niedergeschriebene Aussage und meine zusammen – zumindest was Ort, Zeit und Umstände betrifft. Ich zitiere seine Worte wie folgt: "Ungefähr zehn Minuten, bevor das Schiff sank, befahl Kapitän Smith, dass ab sofort jeder Mann für seine eigene Sicherheit sorgen sollte. Ich sprang hoch, um den Männern dabei zu helfen, das Rettungsboot (das Engelhardt) zu Wasser zu lassen. Als wir es endlich erfolgreich zum Rand des Schiffes gebracht hatten, riss es eine gigantische Welle fort." Lightoller erzählte mir an Bord der *Carpathia*, dass er Murdoch gesehen hatte, eingeschlossen von Wasser, und dass er sich ganz sicher ist, dass er eine Pistole gehört hätte, wäre diese in unmittelbarer Nähe abgeschossen worden.

Viertens: Auf welche Seite krängte das Schiff?

Die Aussagen zu diesem Punkt erscheinen beim ersten Hinsehen widersprüchlich, bei genauerer Inspektion allerdings überhaupt nicht mehr. Sie belegen genau das, was man von der Bauart des Schiffes erwarten konnte. Wir finden überzeugende Aussagen, dass die Titanic auf die Steuerbordseite krängte, und dann sofort ein genauso glaubhaftes Zeugnis, dass sie nach Backbord lag. Quartiermeister Hitchens, der zum Zeitpunkt des Zusammenstoßes mit dem Eisberg am Ruder stand, sagte vor dem Senatskomitee zu diesem Punkt wie folgt aus: "Der Kapitän kam zurück aufs Brückendeck und sah auf den Neigungsmesser vor dem Kompass. Das ist ein kleines Instrument, ähnlich einer Uhr, das anzeigt, wie das Schiff krängt. Fünf oder zehn Minuten nach der Kollision hatte das Schiff fünf Grad Krängung nach steuerbord. "Karl Behr, ein bekannter Tennisspieler, wird von der 'New York Tribune' wie folgt zitiert: " Wir hatten uns gerade zurückgezogen, als die Kollision passierte. Ich zog mich an und ging das Deck hinunter zur Kabine der Beckwiths. Nachdem ich diese geweckt hatte, bemerkte ich, dass das Schiff nach steuerbord krängte. Das war das erste Mal, dass mir in den Sinn kam, dass etwas Ernsthaftes passiert sein musste." Andererseits habe ich selbst diese Krängung das erste Mal bemerkt, wie ja in dieser Erzählung bereits beschrieben, als ich Clinch Smith im Niedergang traf und wir diese leichte Schieflage nach Backbord sahen. Auch für uns war dies die erste Warnung bezüglich der Schwere des Unfalls. Das nächste und letzte Mal war der

Zwischenfall, als Zweiter Offizier Lightoller alle Passagiere nach steuerbord befahl, da das riesige Schiff fühlbar nach Backboard krängte und umzukippen drohte. Lightoller bestätigte diese Aussage bezüglich der Krängung nach Backbord. Wir könnten hier noch weitere Zeugen anführen, von denen einige "steuerbord" und der Rest "backbord" rufen würde. Der einzig sinnvolle Schluss daraus ist, dass die Titanic sowohl nach backbord als auch nach steuerbord krängte; und zwar, weil die durchgehenden, wasserdichten Schotte das Wasser direkt nach dem Aufprall von steuerbord nach backbord und zurück laufen ließen, so dass das Schiff auf seinem Kiel balancierte, bis es schließlich unterging. Wenn sie anders konstruiert worden wäre, das heißt mit längs gerichteten Schotten, hätte die Titanic nur nach Steuerbord gekrängt und wäre schließlich über diese Seite umgekippt. Dadurch hätte man noch viel weniger Menschenleben retten können.

KAPITEL IV – ÜBERLEBENSKAMPF IM WASSER

"Aus der Tiefe rufe ich, Herr, zu Dir." —Psalm 130:1.

Ich nehme nun den Faden meiner Erzählung bezüglich meiner eigenen, wundersamen Rettung wieder auf und versuche dabei größtmögliche Zurückhaltung zu wahren; ich möchte nicht, dass meiner Person mehr Beachtung zukommt, als es meinen Lesern, die nicht zu meinen Verwandten oder Freunden gehören, guttut.

In Kapitel II habe ich erzählt, dass es Clinch Smiths Vorschlag gewesen war, den Punkt auf der Steuerbordseite des Bootsdecks, wo die Crew unter Schiffsoffizier Wilde und dem Ersten Offizier Murdoch vergebens versuchte, das Engelhardt zu Wasser zu lassen, zu verlassen. Dieses Engelhardt war das "Boot B", das vom Dach des Offiziersquartiers voraus dem ersten Schornstein geworfen worden war. Ich sage "Boot B", weil mir das vom Zweiten Offizier Lightoller in einem Brief bestätigt wurde. Ein Interview mit dem Salon-Steward Thomas Whitely, das die 'New York Tribune' am Tag nach der Ankunft der *Carpathia* abgedruckt hatte, lieferte eine weitere Bestätigung. Eine Analyse seiner Aussage zeigt, dass sich Boot A verfangen hatte und verloren gegeben wurde, während er das andere sah, mit dem Boden nach oben und voller Leute. Auf dieses Boot ist er schließlich selbst geklettert und wurde mit dem Rest von uns gerettet. Clinch Smith und mir gelang es gerade noch rechtzeitig, von dort zu fliehen, bevor das Wasser eintraf und Schiffsoffizier Wilde und den Ersten Offizier Murdoch überflutete. Auch andere, denen es nicht gelang, sich am Boot festzuhalten, wurden vom Deck gefegt. Dieser Moment sollte der erste gewesen sein in einer langen Kette verhängnisvoller Krisen, die nun schnell aufeinander folgten. Darauf bezugnehmend zitiere ich aus der Aussage von Harold S. Bride, dem nachrangigen Telegrafisten. Sein Bericht ist ebenfalls hilfreich bei der Klärung des Schicksals von Kapitän Smith. "Dann hörte man die Stimme des Kapitäns (von der Brücke zu den Telegrafisten). "Männer, ihr habt eure Pflicht hervorragend erfüllt. Ihr könnt nicht mehr tun. Verlasst eure Posten. Jetzt ist jeder für sich selbst verantwortlich. "

"Phillips arbeitete, nachdem ihn der Kapitän freigestellt hatte, für zehn oder fünfzehn Minuten weiter", sagt er. " Das Wasser kam nun in unsere Kabine ... Ich ging zu der Stelle, wo ich das Faltboot auf dem Bootsdeck gesehen hatte, und zu meiner Überraschung sah ich das Boot, und auch die Männer, die immer noch versuchten, es zu lösen. Sie schafften es nicht. Ich ging hoch zu ihnen und half, als eine große Welle das Deck überspülte. Der Brecher trug das

Boot mit sich fort. Ich hatte eine Ruderdolle in meinem Griff und auch mich zog es hinfort. Das Nächste, an das ich mich erinnern kann, ist, dass ich im Boot war. Aber das war noch nicht alles. Ich war im Boot, aber das Boot war kieloben und ich darunter ... Ich habe keine Ahnung, wie ich unter dem Boot hervorgekommen bin, aber endlich fühlte ich wieder einen Luftzug."

Daraus lässt sich schließen, dass es besser gewesen wäre, zumindest was Clinch Smith betrifft, bis zum Schluss beim Engelhardt-Boot zu bleiben; dort hätte er, wie Bride und andere Crewmitglieder, die sich daran festhielten, eine Chance auf Rettung gehabt. Ich selbst musste erst eine unglaublich lange Zeit unter Wasser schwimmen, bis ich das Boot erreichte. Die nächste Krise war sowohl für Clinch Smith, als auch die große Masse Menschen, die sich plötzlich vor uns auf unserem Weg nach achtern gebildet hatte, tödlich und wurde schon beschrieben. Die simple Methode, "mit" der Welle zu springen, brachte mich in Sicherheit und aus einer gefahrvollen Lage zum höchsten Punkt des Schiffes – aber ich war der Einzige, dem dies erfolgreich gelang. Die schiere Gewalt der Welle, welche Clinch Smith und die anderen erwischte, schlug die meisten von ihnen beim Auftreffen auf die Wände des Offiziersquartiers oder andere Ausrüstungsteile auf dem Bootsdeck ohne Zweifel bewusstlos. Als das Schiff nach vorne kippte, wurden ihre Körper in den Verwinkelungen des Decks gefangen oder in Seilen oder anderen Gegenständen verwickelt und sanken schließlich mit hinunter. Mein Festhalten an der Stahlreling verhinderte, dass auch ich bewusstlos geschlagen wurde. Auf dem Bauch liegend zog ich mich hinüber auf das Dach, aber noch bevor ich aufstehen konnte, befand ich mich in einem Strudel aus Wasser, der rund um mich wirbelte. Immer noch versuchte ich mich an der Reling festzuhalten, während das Schiff in die Tiefen des Ozeans abtauchte. Runter, immer weiter runter ging es. Es schien mir ein weiter Weg zu sein. Ich fühlte einen deutlichen Druck auf meinen Ohren, obwohl das Schiff sicher eine große Menge Luft mit sich nach unten gezogen hat. Unter Wasser habe ich scheinbar meinen Richtungssinn wiedererlangt und schwamm, sobald mir das möglich war, weg von der Steuerbordseite des Schiffes. Ich wusste, mein Leben hing davon ab. Ich schwamm mit aller Kraft und fast schien es mir, als würde mir der Anlass ungeahnte, zusätzliche Vorräte davon zur Verfügung stellen. Der Gedanke an kochendes Wasser, oder Dampf, der aus der zu erwartenden Explosion der Dampfkessel des Schiffes austreten würde, spornte mich zu Höchstleistung an. Keinesfalls wollte ich zu Tode verbrüht werden wie die Seeleute, von denen ich in einem Bericht über den Zusammenstoß des britischen Schlachtschiffes *Victoria* mit der *Camperdown* 1893 im Mittelmeer gelesen hatte. Der Zweite Offizier Lightoller erzählte mir, dass er denselben Gedanken hatte, und dass die Kessel explodieren und das Wasser kochend heiß werden würde, falls das Feuer nicht gelöscht worden war. Als Konsequenz daraus verursachte der Sturz in das eiskalte Wasser keinerlei Kältegefühl; erst als ich auf den Boden des umgedrehten Bootes geklettert war, kam mir der erste Gedanke daran. Dass ich vom Sogeffekt nicht in viel größere Tiefen hinuntergezogen wurde, ist bis zu einem gewissen Grad auf die Rettungsweste zurückzuführen, die ich beim Untergang trug. Aber auch die Auftriebskraft des Wassers, verursacht durch die gewaltigen Luftmengen, die aus dem sinkenden Schiff entwichen, half mir dabei, mehr auszuholen und schneller und weiter unter Wasser zu schwimmen als jemals zuvor. Für eine gefühlt endlose Zeit hielt ich die Luft an, bis ich es fast nicht mehr aushielt; aber ich konnte mir schließlich an Ort und Stelle dazu gratulieren, dass nicht ein einziger Tropfen Salzwasser in meinen Mund gelangt ist. Mit noch mehr Entschlossenheit und Wille schwamm ich weiter. Genau in dem Moment, in dem ich dachte, ich müsste aus Atemnot aufgeben, schien ich durch irgendetwas wieder Oberwasser zu bekommen. Es war derselbe Augenblick, in dem ich dachte, mein letztes Stündlein habe geschlagen. Ich wollte die Nachricht, wie ich gestorben bin, meinen Lieben zuhause überbringen. Als ich so unter der Meeresoberfläche schwamm, betete ich, dass mein Geist zu ihnen reisen und ihnen sagen könnte: "Auf Wiedersehen, bis wir uns im Himmel wiedertreffen." In diesem Zusammenhang dachte ich auch an eine hervorragend belegte Erfahrung mit geistiger Telepathie, die einem Mitglied der Familie meiner Frau widerfahren ist. Hier machte nun ein Schiffbrüchiger eine ähnliche Erfahrung und ich glaubte, dass mein letzter Wunsch, mit meiner Frau und meiner Familie kommunizieren zu können, erfüllt werden würde, wenn ich nur fest daran glaubte.

Inwiefern mein Gebet von Mrs. Gracie beantwortet wurde, lasse ich sie mit ihren eigenen, niedergeschriebenen Worten erzählen: "Ich war in meinem Zimmer im Haus meiner Schwester, die ich in New York besuchte. Nachdem ich mich zurückgezogen hatte und keine Ruhe fand, fragte ich mich, was wohl den sonst in letzter Zeit üblichen langen und erholsamen Schlaf störte. 'Was ist los', fragte ich. Als Antwort darauf schien eine Stimme zu sagen: 'Auf deine Knie und bete.' Sofort leistete ich folge, das Gebetbuch in der Hand, das zufällig auf der Seite mit dem Gebet 'Für die auf See' aufgeschlagen war. Dann schoss mir der Gedanke durch den Kopf, 'Archie betet für mich.' Hellwach fuhr ich bis kurz vor fünf Uhr morgens fort, zumindest zeigte das die Uhr neben mir. Ungefähr gegen sieben Uhr nickte ich kurz ein und stand schließlich auf, um mich fürs Frühstück anzukleiden. Um acht Uhr kam meine Schwester, Mrs. Dalliba Dutton, leise an meine Tür. Sie hatte eine Zeitung in ihrer Hand und brachte mir schonend bei, dass die Titanic gesunken war. Dann zeigte sie mir eine Liste mit den Namen von nur 20 Überlebenden, angeführt von 'Colonel Archibald Butt'; aber der Name meines Mannes stand nicht darauf. Mein Kopf sank in ihre schützenden Hände, als ich hilflos murmelte, 'Er ist alles, was ich auf der Welt habe.' Mir blieb nur übrig, um Stärke zu beten. Später an diesem Tag, im Glauben, ich sei eine Witwe, schrieb ich meiner Tochter, die sich um die Diener und Haushälterinnen in unserem Haus in Washington kümmerte: 'Kannst du nicht auch deinen Vater sehen in seiner Güte Frauen und Kindern gegenüber, wie er ihnen allen hilft und dann mit dem Schiff untergeht? Wenn er von uns gegangen ist, will ich auch nicht mehr lange leben, aber ich hätte ihn nicht dazu gezwungen, selbst in ein Boot zu steigen.'"

Aber lassen Sie mich meine persönliche Erzählung wiederaufnehmen. Mit diesem neuen Schub unter Wasser schöpfte ich neue Kraft und Lebenslust, bis ich schließlich feststellte, dass es um mich herum heller wurde und ich mich der Oberfläche näherte. Als ich nach oben stieg, kam ich mit nach unten sinkenden Wrackteilen in Berührung, aber das einzige, das Material-Maß besaß, war eine kleine Planke, die ich mir unter den rechten Arm klemmte. Dieser Umstand brachte mich zu der Einsicht, dass es wohl ratsam wäre, so viel wie möglich zu sammeln, was mich über Wasser halten würde bis Hilfe kam. Als sich mein Kopf schlussendlich über dem Wasser befand, erspähte ich ein Trümmerteil, das aussah wie eine hölzerne Kiste. Begierig griff ich mir das Teil, das mir als Kern eines möglichen Floßes dienen sollte. Dazu brauchte ich aber selbstverständlich noch jede Menge Treibgut, das ich erst noch einsammeln musste. Als ich mich umschaute, war keine Titanic mehr in Sicht. Sie war vollständig unter der ruhigen Meeresoberfläche verschwunden und hatte nicht mal eine kleine Welle hinterlassen. Dass sie das Meer, inklusive aller Wertsachen und Habseligkeiten an Bord, vollständig verschlungen hatte, verriet mir das sich über ihr schließende Wasser, das hinter mir ein leises Gurgeln produzierte. Die Zeit, die ich unter Wasser verbracht hatte, kann man durch die Tatsache einschätzen, dass ich mit ihr sank, aber kein Schiff mehr da war als ich auftauchte. Die Berichte anderer Überlebender bezüglich der Zeit, welche die Titanic brauchte, um zu sinken, ist ein weiterer guter Maßstab für die Zeitspanne, die ich unter der Oberfläche verbrachte.

Was mich am meisten beeindruckte, während meine Augen die schreckliche Szenerie um mich herum betrachteten, war ein hellgrauer, nebulöser Dunst, der in etwa einem Meter Höhe wie eine Decke über der riesigen, mit ineinander verhedderten Trümmern übersäten Wasserfläche hing. Ich bin mir sehr sicher, dass es echter, greifbarer Dunst war, und kein Produkt meiner Einbildung. Vielleicht war es Rauch oder Dampf, der rund um die Stelle, wo das Schiff gesunken war, aufstieg. Auf jeden Fall erzeugte er einen übernatürlichen Effekt und in mir stiegen die Bilder auf, die ich bei Dante gesehen hatte, und ich dachte an Vergils Beschreibungen der höllischen Regionen – Charons oder des Flusses Lethe. Dazu muss man sich vorstellen, dass sich innerhalb dieses beschriebenen Gebietes, das sich soweit ausdehnte, wie mein Blick reichte, die schrecklichsten Schreie gen Himmel richteten, die je ein sterblicher Mensch gehört hat – mit Ausnahme von uns, die diese unsagbare Tragödie überlebt haben. Die qualvollen Todesschreie aus über tausend Kehlen, das Jammern und Wehklagen der Leidenden, das Kreischen der von Angst Gepeinigten und das nach Luft Japsen der kurz vor dem Ertrinken Stehenden – niemand von uns wird das bis zu seinem eigenen Todestag je vergessen. "Hilfe! Hilfe! Boot ahoi! Boot ahoi!" und "Mein Gott! Mein Gott! waren die herzergreifenden Schreie der Männer, die während der nächsten Stunden rings um uns herum trieben und deren Rufe mit der Zeit schwächer und schwächer wurden, bis sie schließlich vollständig verstummten.

Während ich mich an meinem Stück Treibgut festhielt, bemerkte ich nur wenige Meter vor mir drei Körper, die mit dem Gesicht nach unten im Wasser lagen, rechts von mir trieb ein weiterer; alle drei waren unverkennbar ertrunken. Vermutlich waren auch sie in die Tiefe heruntergezogen worden, hatten aber nicht die Lungenkraft, durch die ich die Luft anhalten und gleichzeitig schwimmen konnte – eine Fähigkeit, die ich seit meiner Schulzeit trainiert hatte. In der unmittelbaren Nähe der Stelle, an der ich an die Oberfläche gekommen war, war kein Überlebender, keiner, der mit dem Wasser rang, keiner, der nach Hilfe rief. Dann warf ich mein rechtes Bein über die Holzkiste und versuchte, mich rittlings darauf zu setzen und auszubalancieren. Das Resultat war ein Salto, der mich zuerst unter Wasser und dann wieder zurück an die Oberfläche beförderte. Interessanterweise musste ich genau in diesem Moment an die Berichte und die Bilder eines Wracks denken, die sich in meiner Kindheit förmlich in mein Gedächtnis eingebrannt hatten, da ich einige der Opfer kannte. Es war eines der schrecklichsten Unglücke dieser Zeit, nämlich das Wrack der *Ville de Havre* im Ärmelkanal im Jahre 1873. Ich dachte an Mrs. Bulkleys Erzählung und stellte mir vor, wie sie sich an einem Wrackteil festhielt und von einem Rettungsboot gesichtet wurde. Dann drangen die tröstenden Worte an ihr Ohr: "Wir sind englische Seeleute und werden Sie retten." Ich sah mich um, wohl auf der Suche nach einer ähnlichen Fügung des Schicksals, aber ich wusste, dass der Wunsch nach einem Rettungsboot umsonst war – hatten nicht alle Rettungsboote, beladen mit Frauen und Kindern, das Schiff fünfzehn oder zwanzig Minuten bevor ich mit ihm untergegangen bin verlassen? Und hatte ich nicht die Prozession gesehen, die an der Backbordseite langsam außer Sichtweite verschwand?

Aber mein andächtiges Hoffen und Bitten wurde in einer ganz anderen, unerwarteten Weise erhört. Zu meiner Linken hatte ich, wenn auch in beträchtlicher Entfernung, ein viel besseres Rettungsvehikel ausgemacht als die Holzkiste, die mir beim Versuch aufzusteigen nur einen weiteren Tauchgang beschert hatte. Was ich dort sah war nichts Geringeres als das Engelhardt, bei dessen Stapellauf ich vergeblich zu helfen versucht hatte, bis das Wasser das Bootsdeck, auf dem wir waren, überflutete. Auf diesem umgedrehten Boot, halb auf dem Boden liegend, befanden sich mehr als ein Dutzend Männer, die ich an ihrer Kleidung als Mitglieder der Mannschaft identifizierte. Gott sei Dank zögerte ich nicht eine Sekunde, mich von der freundlichen Kiste, die mir ersten Beistand geleistet hatte, zu trennen. Ich schwamm mit großen Zügen durch das Treibgut und erreichte nach einer beträchtlichen Strecke mittschiffs die Backbordseite des Engelhardt-Bootes, das mit seinen Genossen bei der Rettung vieler Leben hervorragende Dienste geleistet hatte. Ehre sei dem dänischen Kapitän Engelhardt aus Kopenhagen, der sie erschaffen hat. Ich sage "Backbordseite", weil das Boot, wie es so im Wasser trieb mit Lightoller im Bug und Bride im Heck, nach einer Analyse der Zeugenaussagen genau andersherum lag. Die Welle, die es auf dem Bootsdeck erwischt hatte, und der darauffolgende Einsturz des Schornsteins hatten es so gedreht, dass der Bug in die entgegengesetzte Richtung zum Schiff zeigte. Jeweils ein Mitglied der Mannschaft saß am Bug und am Heck des Wasserfahrzeugs und benutzte "Teile des Fußbodens", improvisierte Paddel, als Antrieb. Als ich die Seite des Bootes erreichte, wurde ich mit zweifelhafter Freude empfangen. Als mir keine helfende Hand gereicht wurde, packte ich ein junges Mitglied der Crew, das mir am nächsten war und mich anschaute, am linken Oberarm. Zur gleichen Zeit warf ich mein rechtes Bein rittlings über das Boot und zog mich an Bord. Jemand im Heck leistete mir dabei freundliche Unterstützung und zog meinen Fuß hoch, bis ich eine liegende Position auf dem Boden des gekenterten Bootes gefunden hatte. Auf mich folgten noch ein Dutzend weiterer Schwimmer, die am Boot herumkletterten und denen wir an Bord halfen. Unter ihnen war auch ein komplett erschöpfter Mann, der an der gleichen Stelle backbord ankam, wie ich selbst. Ich zog ihn rein und er lag dann, das Gesicht nach unten, mehrere Stunden vor mir auf dem Boden, bis er schließlich kurz vor dem Morgengrauen mit uns allen aufstehen konnte. Um die Reise unseres Vehikels weg vom Ort der Katastrophe kümmern wir uns im nächsten Kapitel. Der Augenblick, in dem es mir gelang, an Bord dieses umgekippten Bootes zu kommen, war ein Moment größter geistiger Erleichterung, und nicht zu überbieten, bis ich am nächsten Morgen das Deck der gastfreundlichen *Carpathia* erreichte.

Zum ersten Mal, seit uns die Rettungsboote an Bord des Schiffes verlassen hatten, fühlte ich, dass es eine echte Chance gab, dem schrecklichen Ertrinkungstod in den eiskalten Wassern des Mittelatlantiks zu entkommen. In jedem Moment dieser vielen Erfahrungen in jener Nacht schien es mir, als ob ich all die gottgegebene körperliche Stärke und den Mut hätte, jede Notlage zu meistern. Nicht eine Sekunde verspürte ich Erschöpfung oder hätte eine helfende Hand benötigt. Das einzig wirklich anstrengende war das Schwimmen unter Wasser, das ich gerade geschildert habe - der Moment, in dem ich die zweite Luft bekam, die mich prustend, aber voller Lebenskraft zur Oberfläche beförderte. Die ganze Zeit hielt ich Ausschau nach der nächsten Gefahr, die zu bestehen war, und behielt meine Geistesgegenwart und meinen Mut. Hätte ich auch nur eins davon einen Moment lang verloren, wäre ich niemals entkommen und hätte nie diese Geschichte erzählen können. Dies ist gleichzeitig die Antwort auf die vielen Fragen bezüglich meiner persönlichen Empfindungen während dieser Szenen und der fortlaufenden Gefahren, denen ich begegnete. Auch von einem psychologischen Standpunkt aus wäre dies eine interessante Studie, die bestens illustriert, wie der Geist den Körper beherrschen kann. Das Gefühl der Angst hat einen sichtbaren Effekt auf uns. Es lähmt unsere Gedanken und Handlungen. Man wird kurzatmig, das Herz schlägt viel schneller und wenn man seinen Kopf verliert, verzweifelt man und ist verloren. Ich habe diejenigen, die fast ertrunken wären, gefragt, und sie bestätigten mir diese Tatsache. Es ist immer das Gleiche, auch in anderen Notfällen, und die Lektion daraus ist —

"Lass deinen Mut mit der Gefahr wachsen.
Und deine Stärke wird sich durchsetzen."

Diesen Mut in der Stunde der Gefahr zu besitzen, ist hauptsächlich eine Sache körperlichen, geistigen und religiösen Trainings. Aber weder Mut noch Stärke hätten mir wirklich geholfen, wäre ich bewusstlos geschlagen oder verstümmelt worden, wie dies anderen starken Schwimmern zweifellos passiert ist. Die vielen glücklichen Fügungen, die mir dabei geholfen hatten, das Bewusstsein zu behalten, muss ich hier nicht wiederholen; immer noch trage ich die Narben von Wunden auf meinem Körper, die mir in den Momenten, in denen mich unbekannte Objekte getroffen haben, zugefügt wurden. Ich erhielt einen Schlag auf den Kopf, habe ihn und die vielen anderen Wunden aber erst an Bord der *Carpathia* bemerkt. Gleiches gilt für entzündete Schnittwunden an beiden Beinen, Prellungen an den Knien, die bald blau und schwarz wurden, und wunden Stellen am ganzen Körper, die ich für viele Tage nicht mal berühren konnte. Um zu beschreiben, was passierte, während ich mich unter

Wasser befand, muss ich auf die Berichte anderer Personen zurückgreifen. Meine diesbezüglichen Informationen stammen aus vielen Quellen und beinhalten viele Punkte von allgemeinem Interesse, zum Beispiel wie die Titanic aussah, als sie sank, die unbestrittene Tatsache, dass es sehr wenig Sogwirkung gab und dass der vordere Schornstein vom Schiff abgebrochen und auf der Steuerbordseite ins Meer gefallen ist. Weitere Punkte kann der geneigte Leser gerne selbst analysieren, wie etwa die Zeitdauer abzuschätzen, die ich unter der Oberfläche verbrachte - oder die Entfernung, die ich dort zurückgelegt habe; schließlich hatte ich beim Auftauchen nicht nur den fallenden Schornstein, sondern auch das gekenterte Boot, nebst einer weiteren beträchtlichen Strecke darüber hinaus, unterquert. Hätte ich unter Wasser nur eine kleine Strecke zurückgelegt und wäre sofort hochgekommen, hätte der fallende Schornstein mein schreckliches Schicksal vielleicht besiegelt. Glaubt man den Berichten, müssen viele der Unglücklichen, die im Wasser um ihr Leben kämpften, so erschlagen worden oder ertrunken sein. Ich wähle diese Schilderungen aus den Berichten meiner schiffbrüchigen Gefährten, die meine persönlichen Erfahrungen besonders gut ergänzen können; ganz besonders interessant sind die gleichen verlässlichen Zeugen, die ich bereits angeführt habe, und die Menschen, die genau wie ich auf dem Boden des Engelhardt-Bootes gerettet wurden.

Ich zitiere aus der Darstellung von Mr. Beesley: "Das Wasser stand nunmehr bis zur letzten Reihe der Bullaugen. Wir waren ungefähr drei Kilometer weit weg vom Schiff und die Crew bestand darauf, so weit wie möglich von der Titanic wegzukommen, da die Sogwirkung ihres Untergangs eine gigantische Welle auslösen würde. Der 'Kapitän' (wie er Heizer Fred Barrett nannte) und die anderen legten die Ruder an. Bald darauf, gegen 2 Uhr morgens (2:15 Uhr gemäß seinem Buch), wie ich meine, beobachteten wir, dass das Absacken immer schneller vor sich ging; der Bug und die Brücke waren bereits vollständig unter Wasser und wir folgerten daraus, dass es wohl nur eine Frage von Minuten war, bis sie abtauchte. Und so war es auch. Langsam neigte sie sich immer mehr, immer senkrechter, bis das Heck kerzengerade nach oben zeigte ... Zu unserem Erstaunen verblieb sie eine geraume Zeit in dieser Position, ich schätze gute fünf Minuten."

Auf einer der vorhergehenden Seiten habe ich bereits aus seinem Buch wie folgt zitiert: "... stand die Titanic immer noch aufrecht wie eine Säule; das Heck und vielleicht 50 Meter von ihr zeichneten sich ab gegen den sternenübersäten Himmel und schimmerte schwarz in der Dunkelheit. So verblieb sie für einige Minuten – ich denke, es waren gute fünf Minuten – aber vielleicht auch weniger." Nun, als ich im Meer verschwand und mit dem Schiff unterging, hat sich nichts mehr in mein Gedächtnis eingebrannt hat als die

Tatsache, dass sich über die Hälfte der Titanic noch über Wasser befand, und sie komplett verschwunden war, als ich wiederauftauchte. Die New York Times vom 19. April 1912 enthielt die Geschichte von Mr. und Mrs. D. H. Bishop, Passagiere erster Klasse aus Dowagiac, Michigan. Ihre kurze Schilderung gehört zu den besten, die ich je gelesen habe. Diese wurde unabhängig von Mr. Beesleys Erzählung und aus einem anderen Blickwinkel, nämlich vom Rettungsboot Nr. 7, dem ersten, welches das Schiff verlassen hatte, niedergeschrieben; die folgende, erhärtende Aussage aus diesem Bericht, hilft uns dabei, die Wahrheit herauszufinden:

"Wir haben die Lage erst wirklich begriffen, als wir schon über einen Kilometer von der Titanic weg waren. Da bemerkten wir, wie sich die Reihe der Lichter entlang des Decks mehr und mehr schiefstellte. Ganz langsam wurde der Winkel, in dem diese Lichterketten nach unten zeigten, größer und größer. Das Absinken fand so langsam statt, dass man nicht bemerken konnte, ob die Lichter der Decks ihre Position veränderten. Aber jede Viertelstunde schien die Schieflage zuzunehmen. Das war der einzige Unterschied.

"Einige Stunden später nahm das Absinken drastisch an Geschwindigkeit zu …. Plötzlich schien das Schiff aus dem Wasser zu schießen und stand lotrecht da. Es schien uns, als ob es ganze vier Minuten aufrecht im Wasser stand. Dann begann es sanft nach unten zu gleiten. Es ging über Bug unter und wurde dabei immer schneller, so dass schließlich das Heck blitzschnell verschwunden war."

Harold Bride, den es vom Bootsdeck gespült hatte, hielt sich an einer Ruderdolle des Engelhardts fest (das Clinch Smith und ich, wie bereits beschrieben, wenige Momente zuvor verlassen hatten). Seinen Bericht, wie er unter dem Boot auftauchte und dann hinaufkletterte, habe ich schon angeführt. Er bezeugt, dass es keinen Sog gegeben hatte und fügt hinzu:

"Ich vermute, dass ich knappe 50 Meter weg war, als die Titanic, auf der Nase stehend und mit ihrem Hintern senkrecht in der Luft, zu sinken begann – langsam. Als schließlich die Wellen über ihr Ruder schwappten, konnte ich nicht den kleinsten Sogeffekt spüren. Sie schien genau so langsam untergegangen zu sein, wie es begonnen hatte." Zweiter Offizier Lightoller, bestätigte mir gegenüber die Aussage, die er vor dem Untersuchungskomitee des Senates gemacht hatte, nämlich: "Das letzte Boot, das zu Wasser gehen sollte, war ein faltbares (das Engelhardt) auf dem Dach des Offiziersquartiers. Männer sprangen vom Deck aus hinein und warteten darauf, dass das Wasser es zum Schwimmen bringen würde. Der vordere Schornstein fiel ins Wasser und verfehlte das Floß (so nannte er unser gekentertes Boot) nur knapp. Vermutlich hat der Schornstein Menschen, die bereits im Wasser trieben, getötet. Auf dieses Boot bin ich auch ich irgendwann gelangt. Ungefähr 30

Menschen konnten aus dem Wasser darauf hinaufklettern." Der siebzehnjährige "Jack" Thayer befand sich ebenfalls auf der Steuerbordseite des Schiffes und sprang von der Reling, bevor das Engelhardt-Boot von der "gigantischen Welle" vom Bootsdeck gerissen wurde. Seine Schilderung dieser Ereignisse lautet wie folgt: "Ich sprang ab, mit den Füßen voran, und ging unter. Als ich hochkam, wurde ich durch irgendeine Kraft vom Schiff weggedrückt. Dann zog es mich erneut unter Wasser und als ich wieder an die Oberfläche kam, mitten in eine große Ansammlung kleiner Wrackteile, wurde ich von einer großen Welle förmlich hinausgedrückt und herumgewirbelt. Meine Hand berührte die Segeltuch-Fender eines gekenterten Rettungsbootes. Ich sah nach oben und entdeckte einige Männer auf dem Boot. Einer half mir hinauf. Innerhalb kurzer Zeit war der Boden mit 25 oder 30 Männern bedeckt. Der Mitarbeiter im Telegrafenbüro (Bride) war neben mir, hielt sich an mir fest und kniete im Wasser."

Aus meinen Unterhaltungen mit Thayer, Lightoller und anderen lässt sich schließen, dass der Schornstein zwischen dem Engelhardt-Boot und dem Schiff ins Wasser fiel und damit das Erstgenannte weiter weg von der Steuerbordseite der Titanic trieb.

Seit ich die letzten Zeilen zu Papier gebracht habe, sind die Zeugenaussagen vor dem Komitee des Senats der Vereinigten Staaten in einem Heftchen veröffentlicht worden. Daraus konnte ich weitere Informationen gewinnen, speziell aus der Aussage von Zweitem Offizier Lightoller bezüglich der Zeitspanne zwischen der letzten Viertelstunde, die er an Bord verbracht hatte, und dem Moment, als wir das gekippte Boot erreichten. Zu dieser Zeitspanne habe ich auch weitere Aussagen erhalten, welche diese bekräftigen. Mr. Lightoller sagte wie folgt aus: "Eine halbe oder vielleicht eine Dreiviertelstunde, bevor ich das Schiff verließ, hatte dieses eine heftige Schlagseite – nein, keine heftige Schlagseite – eine Schlagseite nach backbord. Als der Befehl kam, ich glaube vom Ersten Offizier, "alle rüber auf die Steuerbordseite, wir müssen sie aufrichten", habe ich diesen wiederholt. Als ich das Schiff verließ, sah ich keinerlei Frauen oder Kinder mehr an Bord. Alle Boote auf der Backbordseite waren abgefiert worden, mit Ausnahme eines einzigen – dem letzten Boot, das oben auf dem Offiziersquartier verstaut war. Wir hatten keine Zeit mehr, es zu Wasser zu lassen, geschweige denn, es zu öffnen. Als die ganzen anderen Boote weg waren, rief ich einigen Männern zu, dort hinaufzugehen, es loszuschneiden und hinunterzuwerfen. Es trieb vom Schiff fort und ich nehme an, dass die Männer, die dabei geholfen hatten es loszumachen, noch auf dem Deck aufgesprungen und mit fortgeschwommen sind. Es war eines dieser faltbaren Boote und das mit dem Boden nach oben schwimmende, auf das wir schließlich geklettert sind. Als sich das

Rettungsboot vom Schiff löste. wurden wir einige Male abgeworfen. Als ich es erreichte, war es immer noch umgedreht und unbesetzt. Direkt nachdem ich das umgekippte Rettungsboot gefunden und längsseits erreicht hatte, waren mehrere von uns im Wasser drum herum und im Begriff aufzusteigen. Dann krachte der vordere Schornstein hinunter. Er fiel nur wenige Zentimeter seitlich vom Boot ins Wasser, direkt auf all die Leute dort. Dann war es ungefähr dreißig von uns gelungen, ins Boot zu steigen: Mr. Thayer, Bride, der zweite Telegrafist, und Colonel Gracie. Ich glaube alle anderen waren Heizer, die wir aus dem Wasser zogen."

Vergleichen wir nun dies mit der Schilderung, die mir J. Hagan in einem im letzten Mai begonnenen Briefwechsel vermittelte. J. Hagan ist ein armer Kerl, der sich in diesen Briefen selbst als jemanden beschreibt, der "sich seine erste Überfahrt nach Amerika hart erarbeitete." Ich bin überzeugt davon, dass er sie sich redlich verdient hatte und darüber hinaus einer derjenigen war, mit denen ich mir das Boot in dieser Nacht teilte. Sein Name erscheint nicht auf der Mannschaftsliste und darf nicht verwechselt werden mit "John Hagan, als Heizer auf der Titanic beschäftigt, und am 20. April mit der *Lapland* zurück nach England gefahren." Unser John Hagan wurde am 22. April ins St. Vincent's Hospital aufgenommen. In seiner Erzählung diese Zeitspanne betreffend sagt er, dass es ein Befehl des Kapitäns gewesen war, der die Passagiere nach steuerbord beorderte, als das Schiff nach backbord krängte. Er hatte die Hälfte der Strecke absolviert, als er umdrehte und dorthin zurückkehrte, wo Lightoller das letzte abgefierte Boot belud. Lightoller erzählte ihm, dass es ein weiteres Boot auf dem Dach des Offiziershauses gab, und ob er sich darum kümmern wolle. Dies war das Engelhardt-Boot 'B', das er, zusammen mit drei weiteren Männern, nicht bewegen konnte, bis weitere drei Männer zur Hilfe eilten. Dann schoben sie es kieloben auf das darunterliegende Bootsdeck. Hagan schnitt die Leinen der Ruder durch und gab gerade das erste Blatt weiter zu den anderen, als das Boot ins Wasser trieb. Er sprang hinunter aufs Bootsdeck, von dort ins Wasser und "hängte sich ans rückwärtige Ende des Kiels." Das Schiff schwankte ordentlich, da sich ein Teil davon bereits unter Wasser befand. "Als ich nach oben schaute, sah ich dem Tod ins Auge, denn der vordere Schornstein fiel uns entgegen und würde mit Sicherheit unser Boot treffen und es in kleinste Teile zerlegen; aber der Schornstein verfehlte uns um einen knappen Meter, schob das Boot ungefähr 30 Meter vom Schiff weg und spülte einige Männer fort, die kurz vorher das Boot bestiegen hatten." Hagan gelang es, sich daran festzuhalten, wurde aber von Kopf bis Fuß durchnässt. Die qualvollen Schreie, die er in der Nähe hörte, würde er niemals vergessen. Es schien ihm, als wäre die Dielung des vorderen Schiffes weggebrochen und würde nun überall um ihn herumschwimmen.

Einige der Männer auf dem gekenterten Boot benutzten einige der Bretter als Paddel und versuchten damit, schneller vom Schiff wegzukommen.

John Collins, Hilfskoch auf der Titanic, legte ebenfalls eine interessante Aussage vor dem Senatskomitee ab. Scheinbar ist er im letzten Moment auf das Deck steuerbord gekommen und konnte beobachten, wie das Engelhardt ins Meer wegtrieb; dann wurde auch er, als er sich mittschiffs am Bug befand, von der großen Welle erwischt, vom Schiff geworfen und zwei oder drei Minuten unter Wasser gedrückt. Als er hochkam, sah er das Boot wieder – dasselbe Boot, das vom Deck gewaschen worden war, während Männer darauf arbeiteten und sich anschließend daran festhielten. Er war nur etwa vier oder fünf Meter entfernt, schwamm hinüber und kletterte hinauf. Er sagt, er sei sicher, dass zu dieser Zeit ungefähr fünfzehn Menschen auf dem Boot saßen. Diese halfen ihm nicht dabei hinaufzukommen. Sie beobachteten das Schiff. Nachdem er auf das Boot gelangt war, sah er die Lichter der Titanic nicht mehr, obwohl deren Heck noch über Wasser war, als er auftauchte. Er vermutet, dass die Welle, die ihn mittschiffs hinweggespült hatte, von dem Sogeffekt ausgelöst wurde, als der Bug im Wasser verschwand und das Wasser die Decks flutete. Er sah eine große Menge Menschen im Treibgut schwimmen, mehrere hundert davon, und hörte ihre schrecklichen Schreie.

KAPITEL V – DIE NACHT AUF DEM GEKENTERTEN BOOT

" Erhöre uns nach der wunderbaren Gerechtigkeit, Gott, unser Heil, der du bist Zuversicht aller auf Erden und ferne am Meer…." – Psalm 65:5

All meine schiffbrüchigen Gefährte, die sich wie ich selbst auf das kieloben treibende Engelhardt-Boot gerettet hatten, müssen sich an den bangen Moment erinnern, als das Limit erreicht war und "etwa dreißig Männer aus dem Wasser auf das Boot geklettert waren." Das Gewicht jedes zusätzlichen Körpers drückte unser Rettungsboot mehr und mehr unter Wasser. Überall rund um uns herum schwammen Menschen im Wasser. Nur ein weiterer Passagier hätte unser eh schon überfülltes Fahrzeug zum Sinken gebracht. Die Lage war verzweifelt und wurde nur gerettet durch die Weigerung der Mannschaft, einen weiteren Insassen an Bord zu nehmen. Nachdem ich den Mann, der erschöpft und mit dem Gesicht nach unten vor mir lag, hochgezogen hatte, wandte ich meinen Kopf ab von den Anblicken im Wasser. Ich wollte keinesfalls in die Lage kommen, den flehenden Schreien der Menschen, die im Wasser um ihr Leben kämpften, widerstehen zu müssen. Daher können meine schiffbrüchigen Leidensgenossen auch besser beschreiben, was an diesem kritischen Punkt genau passierte. Steward Thomas Whiteley sagt in einem Interview für die New York Tribune: "Ich trieb in der Nähe eines gekenterten Bootes. Etwa dreißig Männer hielten sich darauf fest. Sie weigerten sich, mich hinaufzulassen. Jemand schlug mich mit einem Ruderblatt, aber ich krabbelte dennoch hoch." Harry Senior, Heizer auf der Titanic, am 19. April von der New York Times und am 4. Mai von der London Illustrated News interviewt, wird wie folgt zitiert: " Auf dem besagten, gekenterten Boot waren, neben einigen anderen, Charles Lightoller, Zweiter Offizier der Titanic, Colonel Archibald Gracie und Mr. J. B. Thayer junior; alle sind mit dem Dampfer untergegangen und wieder an die Oberfläche gelangt"; und: "Ich versuchte, an Bord zu gelangen, aber irgendein Kerl hat mir ein Ruderblatt über den Kopf gehauen. Da waren einfach zu viele drauf. Also bin ich hinüber zur anderen Seite und von dort raufgeklettert. Es waren 35 Männer, darunter auch der Zweite Offizier, keine Frauen. Um uns herum ertranken und starben zahllose Menschen." Brides Geschichte, die in derselben Aussage der New York Times erschien, sagt: "Es war ein furchtbarer Anblick rings um uns herum – schwimmende und doch untergehende Menschen. Einige näherten sich uns. Keiner half ihnen. Das gekenterte Boot trug bereits mehr Menschen, als es eigentlich konnte, und war bereits am Sinken. Zuerst platschten die großen Wellen über meine Kleidung, dann langsam über meinen Kopf und ich musste atmen, wenn ich die Gelegenheit dazu hatte."

Obwohl ich nicht hinsah, konnte ich es nicht vermeiden akustisch mitzubekommen, was in dieser tragischsten und größten Krise meines Lebens vor sich ging. Die Männer, die das Boot mit ihren Paddeln vorne und hinten steuerten, versuchten ihren Kurs so zu wählen, dass der Kontakt mit den bedauernswerten Schwimmern, die im Wasser kämpfend auf ihre missliche Lage aufmerksam machten, weitgehend vermieden wurde. Beim Passieren der Menschen, die in den Unmengen Treibgut schwammen, hörte ich immer wieder die Erklärung: "Halt dich an irgendwas fest, alter Junge; einer mehr hier oben würde das ganze Boot versenken." Glücklicherweise kann ich sagen, dass ich trotz dieser unterlassenen Hilfeleistung kein einziges Mal ein Wort des Tadels von einem der Schwimmer hörte. Es gab keinen Fall grausamer Gewalt. Aber es gab einen transzendenten Fall von Heldenmut, der immer in meinem Gedächtnis bleiben wird als die großartigste und ultimative Vorführung von Mut, als auch heiterer Schicksalsergebenheit und Furchtlosigkeit vor dem Tod. Dies war als eine unterlassene Hilfeleistung auf die schallende Antwort eines kräftigen Mannes traf, der mit tiefer, männlicher Stimme und in äußerster Not antwortete: "Na gut, Jungs; viel Glück und Gott mit euch!" Ich habe mir oft gewünscht, dass man die Identität dieses Mannes herausfinden möge und man so zumindest ein persönliches Andenken erhalten konnte. Er war keiner meiner Bekannten, sonst hätte ich ihn sicher am Klang seiner Stimme erkannt.

Sowohl die Aussage von Collins, als auch der Brief von Hagan beziehen sich auf diesen Vorfall. Collins sagt: "All die, die hinaufkommen wollten, versuchten dies auch; und es gelang ihnen; nur einer machte die Ausnahme. Dieser Mann wurde von niemandem runtergeschubst, aber die auf dem Boot baten ihn, gar nicht erst hinaufzukommen. Wir alle auf dem Boot rannten [verlagerten das Gewicht] von einer Seite auf die andere, um es stabil zu halten. Wenn dieser Mann das Boot erwischt hätte, wären viele von uns heruntergepurzelt. Er fügte sich und sagte 'das ist in Ordnung, Jungs; bleibt ruhig; Gott segne euch'; dann war er weg."

Hagan spricht vom selben Mann, der "ganz in der Nähe schwamm und sagte: 'Hallo Jungs, bleibt ruhig, Jungs'. Er bat um Hilfe beim Hinaufklettern, hörte aber stattdessen, dass er nicht raufkommen konnte, da sonst das Boot kentern könnte. Er fragte nach einer Planke, bekam aber als Antwort, dass er sich an dem festhalten sollte, was er hatte. Es fiel wirklich schwer einen so tapferen Mann mit einem 'Gott segne euch' davonschwimmen zu sehen."

Die ganze Zeit über war unser fast schon abgetauchtes Boot mitten in den Trümmerteilen unterwegs und wurde schnell aus der Gefahrenzone herausgepaddelt, von wo die bereits beschriebenen, herzzerreißenden Schreie der sich abrackernden Schwimmer kamen. Es war an diesem kritischen Punkt, als die ungehobelten Männer der Crew begannen Ausdrücke zu gebrauchen, die an meiner Empfindsamkeit kratzten. Wie ich bald feststellte, waren die Herzen dieser Männer in Ordnung und sie wollten mit Sicherheit niemanden beleidigen, als sie in ihren üblichen Slang verfielen. Dieser hörte sich für mich barsch an und betitelte unsere weniger glücklichen, schiffbrüchigen Gefährten als "die Macker, die im Wasser schwimmen." Diese Worte ließen mich wie ein Fremdling unter meinen Bootsgenossen fühlen und ich tat ihnen unrecht, als ich dachte, dass ich, der einzige Passagier an Bord, im Falle eines Interessenkonfliktes kurz abgefertigt werden würde und deswegen besser so wenig wie möglich sagen sollte. Während all dieser Qualen hatte ich still um Rettung gebetet und es schien mir, dass dies die beste Gelegenheit wäre, um uns alle miteinander an den Allmächtigen, unsere einzige und letzte Hoffnung im Leben, zu wenden. Es war schließlich einer der Männer, die ich als ungehobelt bezeichnet habe, ein römisch-katholischer Seemann, der den Vortritt übernahm und das vorschlug, was sich jeder in seinem Herzen wünschte. Er befand sich im Heck und war nur eine Armlänge von mir weg. Zuerst fragte er nach unseren Konfessionen und fand Presbyterianer, Episkopalen und römisch-katholische Christen. Sein Vorschlag, das Vaterunser zu beten, wurde sofort angenommen und sofort erhoben sich unsere Stimmen einstimmig und wiederholten diesen großartigen Appell an den Schöpfer und Bewahrer der gesamten Menschheit. Es war das einzige Gebet, das jeder von uns kannte, und in das jeder einstimmen und bekunden konnte, dass wir alle Kinder Gottes und Brüder waren, ganz egal aus welchem Lebensbereich wir kamen oder welchem Glauben wir angehörten. Erinnerungen an diese Begebenheit finden sich in meinem Bericht, als auch in denen von Bride und Thayer, die unabhängig voneinander am Morgen nach unserer Ankunft in New Yorker Zeitungen veröffentlicht wurden. Bride erinnert sich wie folgt: "Jemand sagte 'glaubt ihr nicht auch, dass wir beten sollten?' Der Mann, der diesen Vorschlag machten, fragte jeden nach seiner Glaubenszugehörigkeit. Jeder nannte seine Religion. Einer war Katholik, ein anderer Methodist, wieder einer Presbyterianer. Man kam überein, dass das wohl passendste Gebet für uns alle das Vaterunser war. Wir sprachen es im Chor und der Mann, der den Vorschlag erbracht hatte, war der Vorbeter."

Reverend Dr. Newell Dwight Hillis von der Plymouth Church nimmt in seiner Predigt "Lehren aus der großen Katastrophe" wie folgt darauf Bezug: " Colonel Oracle sagt, dass er auf ein fast versunkenes Floß zusteuerte, als er nach dem Untergang der Titanic wieder an die Oberfläche kam. Das schon halb untergetauchte Wasserfahrzeug war oft komplett unter der Oberfläche, aber jeder Mann, unabhängig von seiner Nationalität, brach in ein Gebet aus.

Da waren viele Stimmen, aber alle hatten nur eine Bedeutung – ihre einzige Hoffnung lag in Gott. Da waren keine Millionäre, denn Millionen fielen ab wie Blätter vom Baum; da waren keine Armen, die Menschen waren weder weise noch ignorant; es waren einfach Menschenseelen auf einem sinkenden Boot; die Nacht war schwarz, die Wellen voller Schaum, das Grab der Titanic lag still unter und die Sterne standen still über ihnen! Aber als sie beteten, sah jeder Mann in seinem inneren Licht einen Freund, der über die Wellen zu ihm ging. Fortan brauchte keiner von ihnen mehr die Apologetik, um zu beweisen, dass es Gott gab. Dieser Mann, der seine Geschichte niedergeschrieben hat, erzählt uns, dass Gott die Gebete einiger erhört und diesen den Tod gesandt hat; anderen, die ebenfalls gebetet hatten, schenkte er das Leben; aber Gott allein ist groß!"

Diese Lehre wird wohl am meisten von meinen Bootsgenossen, welche die schiere Ausweglosigkeit ihrer Lage erkannt hatten, geteilt; die einzige Überlebenshoffnung, die wir damals hatten, war Gott, und wie Reverend Dr. Hillis sagt: "In diesem Moment lösten sich die geringen, kurzlebigen und vorübergehenden Dinge auf wie Rauch, und die dauerhaften Dinge traten hervor – Gott, Wahrheit, Reinheit, Liebe, und oh! wie glücklich waren diejenigen, die mit Gott auf Du und Du waren und ein reines Gewissen hatten."

Wir alle wissen, dass uns die Flucht aus einem nassen Grab schlussendlich nur aufgrund der Wind- und Wetterbedingungen gelungen war. Die ganze Nacht hindurch beteten wir, dass die Windstille halten würde. Gegen Morgen wurde das Meer rauer und aus zweierlei Gründen standen wir in Zweierreihen auf, das Gesicht zum Bug gewandt: erstens, um das eiskalte Wasser zu vermeiden und zweitens, um auf uns aufmerksam zu machen. Zu diesem Zeitpunkt brachen sich die Wellen bereits über dem Kiel und wir versuchten die Balance zu halten, damit das bisschen Luft, das sich zwischen dem Wasser und dem gekenterten Boot befand, nicht entweichen konnte. Dazu bewegten wir unsere Körper immer wieder von backbord nach steuerbord. Ich glaube, dass unser aller Leben von der Bewahrung dieser eingeschlossenen Luftblase abhing, und unsere größte Sorge war, dass unser überladenes Boot sofort sinken würde, sollte etwas von dieser Luft entweichen. Wären wir gezwungen gewesen, uns an dem untergetauchten Dollbord festzuhalten, hätte dieses unserem Gewicht niemals standgehalten und wie wären in dem eiskalten Wasser erfroren, bevor uns Hilfe erreichte. Meine Anstrengungen, bevor ich an Bord dieses gekenterten Bootes gelangen konnte, waren so beständig und mühsam gewesen, dass ich die eisige Temperatur des Wassers überhaupt nicht bemerkt hatte. Wir alle litten enorm unter der Kälte. Das Boot war dermaßen überladen mit der schweren Fracht, die es bewältigen musste, dass es eh schon teilweise unter Wasser lag, und durch unsere liegende Position schwemmte uns das Wasser bis zur Hüfte ein. Einige unserer Gefährten in der Nähe des Hecks hielten der Belastung und den Schmerzen nicht mehr stand, gaben den Kampf auf und fielen hinunter.

Nachdem wir die Gefahrenzone in der Nähe des Wracks verlassen hatten, entwickelte sich so etwas wie eine Unterhaltung und ich hörte, wie sich die Männer hinter mir über das Schicksal des Kapitäns unterhielten. Glaubt man ihren damaligen Behauptungen, hatten ihn mindestens zwei von ihnen auf diesem Fahrzeug gesehen, nachdem es vom Schiff weggespült worden war. In den bereits erwähnten Interviews sagte Harry Senior, der Heizer, dazu: "Dem Kapitän war es gelungen, das Boot zu erreichen. Sie haben ihn hochgezogen, aber er rutschte wider hinunter." Ein weiterer Zeuge, der Vorspeisenkoch der Titanic, J. Maynard, bestätigte, was ich über das Unvermögen des Kapitäns, sich am Boot festzuhalten, gehört hatte. In einigen Quellen fand Informationen über den Einsturz des Schornsteins und seinen Einschlag ins Wasser, der einige von denen, die sich kurz vorher noch daran festhalten konnten, weggespült hatte – vermutlich auch den Kapitän. Aus dem folgenden Bericht von Bride lässt sich erahnen, dass er tatsächlich fortgeschwemmt wurde, später aber wieder Halt fand.

" Ich sah ein Boot in meiner Nähe und nahm all meine Kraft zusammen, um dorthin zu schwimmen. Es war Schwerstarbeit. Ich hatte es geschafft, als sich mir eine Hand entgegenstreckt und mich hochzog. Es war unser aller Faltboot. Unser aller Mannschaft war an Bord. Es gab gerade genug Platz für mich, um mich am Rand einzurollen. Dort lag ich, ganz egal was um mich herum passierte." Glücklicherweise war die Mehrheit der Männer nicht so erschöpft oder verzweifelt. Ganz im Gegenteil, die Männer auf dem umgedrehten Boot hatten jede Menge Kraft und die Absicht, um ihr Leben zu kämpfen. Da waren keine Leuchtfeuer auf den Felsen oder Klippen voraus, keine Hoffnung vermittelnden Schreie in den Pausen eines Sturms, keine dunkel klingende Glocke, die mit ihrem lautesten Geläut aufmunternden Trost durch die Nacht sandte für die bejammernswerten Seelen in höchster Not. Nur auf der Backbordseite voraus, da waren Lichter, die wir die ganze Zeit sehen konnten, bis die *Carpathia* ankam. Aber diese Lichter gehörten einfach nur zu den anderen Rettungsbooten der Titanic und so kam es, als sie mit besorgten Augen angestrengt schauten, dass

"Neue Hoffnung verlieh ihnen Stärke, und Stärke Erlösung." (aus Maturins 'Bertram')

Die Kälte setzte den Menschen auf unserem Boot immer heftiger zu. Mein Nachbar vor mir, den ich an Bord gezogen hatte, muss auch sehr unter seiner Erschöpfung gelitten haben, aber vom Heck kam später die Berichte über

Bootsgenossen, die den Todeskampf aufgegeben hatten, die Anstrengung und die Belastung nicht mehr aushielten und vom Boot fielen – oder dort starben. Bride und Whiteley haben uns erzählt, dass unter ihnen auch der Telegrafist Phillips war; aber die Aussage, dass es sein lebloser Körper war, den wir zuerst in ein anderes Rettungsboot und dann zur *Carpathia* transferierten, ist falsch. Die Leiche, auf welche die beiden sich beziehen, war, wie wir später sehen werden, ein Mitglied der Mannschaft, das sowohl Lightoller als auch mir bekannt war. Bride selbst litt extrem. "Jemand saß auf meinen Füßen", sagt er. "Sie waren zwischen Leisten eingezwängt und verrenkten sich mehr und mehr." Als wir die Carpathia erreichten, brachte man ihn ins Lazarett und nach unserer Ankunft in New York wurde er von Bord getragen mit "gebrochenen und erfrorenen Füßen."

Die Kombination aus Kälte und den schlimmen Szenen voller Tod und Leid, die er aus unserem gekenterten Boot heraus beobachten konnte, hat auch einen anderen Überlebenden der Ersten Klasse schwer mitgenommen; dies war Mr. R. H. Barkworth, ein Engländer, dessen zartes Herz sprichwörtlich war für seinen Charakter.

Ein weiterer Überlebender unseres arg strapazierten Bootes, der Heizer James McGann, der am 20. April von der New York Tribune interviewt wurde, sagt, dass er einer von den dreißig Menschen war, die sich an unserem Boot festhielten, als es das sinkende Schiff verließ. Bezüglich der Leiden dieser Nacht meint er: "Unser aller Füße waren erfroren und wir mussten alle für mindestens einen Tag ins Lazarett."

Auch "Hagan" kann zu den Schmerzen, die unsere Bootsgefährten aushalten mussten, etwas berichten. Er sagt: "Ein Mann rollte vom kieloben treibenden Boot hinunter ins Wasser, tot vor Kälte und Angst. Ein anderer ist auch dem Boot gestorben." Hier bezieht er sich auf den leblosen Körper, den wir an Bord der *Carpathia* übergaben, der aber nicht Phillips war.

Lightoller gab zu Protokoll: " Ich glaube, drei oder vier Männer starben während der Nacht an Bord des Bootes. Der junge Telegrafist sagte mir, dass sein Vorgesetzter auf dem Boot war und dort starb, vermutlich vor Kälte."

Nur das schweigsame, kleine Crewmitglied, das neben mir saß, schien nicht viel zu leiden. Genau wie einige andere an Bord, die Mützen oder Kappen trug, hatte er eine Ausflugskappe auf; diejenigen, die mit dem Schiff unter Wasser sanken, hatten überhaupt keine mehr. Sein Oberkörper schien vergleichsweise trocken zu sein; also vermutete ich, dass es ihm gelungen war, sich nicht von der Titanic runterziehen zu lassen, weil er sich von Beginn an am Engelhardt-Boot festhielt, als es von der "gigantischen Welle" vom Schiff gerissen wurde. Er schien so trocken und behaglich zu sein, während ich komplett durchnässt war; meine Zähne klapperten und mein Haar war klatschnass vom eisigen

Wasser. Da traute ich mich ihn zu fragen, ob er mir für kurze Zeit seine trockene Kappe leihen konnte, um meinen Kopf zu erwärmen. "Und was soll ich dann machen?" war seine barsche Antwort. "Ach, macht nichts", sagte ich und dachte, es würde auch in hundert Jahren keinen Unterschied machen. Armer Kerl, wahrscheinlich sind seine ganzen Besitztümer verlorengegangen, als seine Ausrüstung mit dem Schiff untergegangen ist. Steuerbord und nicht weit weg von ihm war ein redseligeres Mannschaftsmitglied. Ich war allerdings noch nicht nah genug, um der imaginären Wärme der Ausdünstungen des lausigen Fusels zu frönen, den er unverkennbar vor dem Verlassen des Schiffes zu sich genommen hatte. Die meisten Unterhaltungen, teilweise auch erregte, fanden hinter mir im Heck statt. Die Namen weiterer Überlebender, die sich mit mir auf dasselbe fast untergetauchte Rettungsboot retten konnten, sind in der Geschichte des B-Bootes in Kapitel V zu finden. Dieses Kapitel enthält die Ergebnisse meiner diesbezüglichen Recherchen.

Nachdem wir uns aus dem Treibgut herausgepaddelt und auch die uns umringenden Schwimmer hinter uns gelassen hatten, galt unsere ungeteilte Konzentration bis zum Anbruch des nächsten Tages dem Horizont, den wir in jede Richtung nach den Lichtern eines Schiffes absuchten, das uns retten könnte, bevor die See rauer wurde. Die abnormalen Wind- und Wetterbedingungen dieser Nacht waren sowohl verantwortlich für unsere Rettung, als auch für die Vernichtung der Leben auf diesem vom Unglück verfolgten Dampfer. Die absolute Stille des Meeres, so sehr diese auch die Entdeckung des Eisbergs in unserem Weg beeinträchtigt hatte, machte es gleichzeitig möglich, dass alle Rettungsboote, die von den Davits abgefiert wurden, ihren langen und gefährlichen Weg ins Wasser zurücklegen konnten, ohne gegen die Wände des Schiffes gedrückt oder von den Wellen zerschmettert zu werden. Unbeschadet der gegenteiligen Zeitungsberichte scheint es keine authentische Zeugenaussage eines Überlebenden zu geben, die beweisen würde, dass ein beladenes Boot beim Abfieren kenterte oder anders beschädigt wurde. Auf der anderen Seite gibt es viele positive Aussagen, die für jede einzelne Bootsladung bestätigen, dass diese sicher zu Wasser gelassen wurde. Aber es war tatsächlich, wie schon erwähnt, dieses vollständig ruhige Meer, das die Zerstörung des Schiffes herbeiführte. Normalerweise hört man schon in einer Entfernung von mehreren Meilen, wie sich die Wellen an den Seiten des Eisbergs brechen, und auch der aus diesem Grund entstehende weiße Schaum am Fuß ist ein klar erkennbares Zeichen. Aber in unserem Fall leisteten die wunderschöne, von Sternen erleuchtete Nacht und der wolkenlose Himmel, kombiniert mit der gläsernen See, der unbemerkten Annäherung des Eisbergs Vorschub; es gab keinen Hintergrund, gegen den sich der tödliche

Umriss dieses schwarzen, proteischen Monsters hätte abzeichnen können – Eisberge wirken nur weiß, wenn die Sonne auf sie scheint.

Mir wurde von höchster Stelle versichert, dass sich alle erfahrenen Navigatoren der nördlichen Meere der Gefahren unter solchen Bedingungen bewusst sind und ausnahmslos weitere Vorkehrungen treffen, um eine Katastrophe zu verhindern. Die Offiziere der Titanic waren keine Neulinge und gut trainiert bezüglich dieser und aller anderen Gefahren auf See. Vom Kapitän abwärts waren sie eine Auswahl der besten Angestellten der White Star Linie. Unser Kapitän, Edward J. Smith, war immer der erste, der ausgewählt wurde, um ein neues Schiff "zu testen", und wurde mit seinen 38 Jahren Berufserfahrung in dieser Gesellschaft als äußerst sicher und kompetent erachtet. Hatte er in Anbetracht der bestehenden, gefährlichen Bedingungen weitere Vorsichtsmaßnahmen eingeleitet? Leider nein, wie sich aus den Aussagen schließen lässt, die diesbezüglich vor den Untersuchungskomitees in Amerika und England abgegeben wurden. Und doch hatte man auf der Brücke der Titanic Warnungen von sechs benachbarten Schiffen erhalten, eine davon sogar mit Längen- und Breitengrad, wo man dem Eisberg begegnet war. Die entsprechende Zeit war von einem der Offiziere der Titanic kalkuliert worden. Wer bitte kann diese gefährliche Achtlosigkeit ausreichend und zufriedenstellend erklären?

Kurz nachdem wir der schrecklichen Szenerie voller im Wasser schwimmender Menschen entronnen waren, stellte ich erfreut fest, dass derselbe Offizier, mit dem ich all meine Arbeit und Erlebnisse dieser Nacht geteilt und die Rettungsboote der Titanic vom Bootsdeck und vom A-Deck beladen und abgefiert hatte, mit an Bord war. Ich erkannte ihn sofort an seiner Stimme und seinem Auftreten, erfuhr seinen Namen aber erst bei einem späteren Wiedersehen in einer Kabine an Bord der *Carpathia* – Charles H. Lightoller. Für das, was er in dieser Nacht auf dem Schiff geleistet hat und wodurch sechs oder mehr Bootsladungen Frauen und Kinder gerettet wurden, als auch für die Disziplin, die er auf dem Schiff wie auch auf dem gekenterten Boot bewahrt hat, gebührt ihm alle Ehre und der Dank seiner Landsleute als auch von uns Amerikanern. Sobald man ihn erkannt hatte, rief ihm das bereits erwähnte, redselige Crewmitglied im Heck zu "Wir alle werden befolgen, was der Offizier anordnet." Das Ergebnis war sofort spürbar. Die Anwesenheit eines Anführers unter uns verlieh uns Mut und eine Bestimmung. Die Begeisterung im Heck artikulierte sich im mehrmaligen Aufruf: "Jetzt Jungs, alle zusammen"; und wir antworteten einstimmig "Boot ahoi! Boot ahoi!"

Das ging so eine ganze Weile, bis man merkte, dass es pure Kraftverschwendung war. Auch mir wurde das klar und ich beschloss, mit meiner Kraft hauszuhalten und Vorkehrungen für das zu treffen, was die

Zukunft, oder der Morgen, für uns bereithalten mochte. Nach einer Weile gelang es Lightoller, einigen anderen und mir selbst diesen ständigen Rufern beizubringen, dass es wohl vergeblich war, damit Aufmerksamkeit zu erregen.

Als bekanntwurde, dass der junge Telegrafist mit im Heck saß, rief ihm Lightoller von seiner Position im Bug aus Fragen zu, die wir alle mithören konnten. Er wollte die Namen der Schiffe wissen, mit denen die Titanic Kontakt hatte und die um Hilfe gebeten wurden. Wir, die auf dem Boot waren, erinnern uns an die Namen, die Bride nannte – die *Baltic*, die *Olympic* und die *Carpathia*. Damals hörte ich den Namen *Carpathia* das erste Mal - und wir alle strengten unsere Augen an und versuchten den robusten, kleinen Cunarder dort zu sichten, von wo er schließlich auf uns zukam.

Wir hatten richtig vermutet, dass die meisten Lichter, die wir gesehen hatten, zu den anderen Rettungsbooten der Titanic gehörten; was aber die direkt vor uns aufblitzenden grünen Lichter und Raketen betraf, die in einigen Abständen besonders hell leuchteten, wurden Lightoller und alle anderen an Bord ordentlich zum Narren gehalten. Wie wir in einem späteren Kapitel sehen werden, war dies das Rettungsboot Nummer 2 unter dem Dritten Offizier Boxhall. Wir aber versicherten uns gegenseitig, dass die Lichter zu einem Schiff gehörten und glaubten dies auch allzu gerne. Es gab kein Vertun in dieser Angelegenheit, ergo bewegten wir unser Wasserfahrzeug, so schnell es die 'Motorisierung' zuließ, in diese Richtung; allerdings brauchten wir nicht lange, um festzustellen, dass sich dieses Licht, was immer es war, von uns entfernte, statt auf uns zuzuhalten.

Einige unserer Bootsgenossen hatten auf den Decks der Titanic dasselbe weiße Licht gesehen, auf das ich bereits in Kapitel II Bezug genommen habe. Mittlerweile glaubt man, dass es ein Segelschiff gewesen sein muss, denn ein Dampfer wäre bald zu unserer Rettung geeilt; ein Segler hingegen hätte keinen Wind gehabt und vermutlich auch gar nicht die Kapazitäten, um uns zu helfen. Ich denke, dass es auch die Lichter eines solchen Schiffes waren, die wir achtern backbord sahen – dort, wo wir kurz vor dem Morgengrauen auch die Eisberge sahen, die sich weit entfernt gegen den Horizont abhoben.

Kurz vor Sonnenaufgang kam aus dem Heck des Bootes der Ruf: "Hinter uns kommt ein Dampfer." Gleichzeitig rief jemand eine Warnung, dass wir nicht alle gleichzeitig nach hinten schauen durften, falls wir nicht das Gleichgewicht dieses gefährlichen Fahrzeuges aus der Ruhe bringen wollten. Lightoller erfasste die Lage und rief: "Alle Männer bleiben ruhig und ich werde nach achtern schauen." Dies tat er dann auch, fand aber keinen Hoffnungsschimmer, der uns hätte erfreuen können.

Der gerade beschriebene Vorfall passierte, als wir in Zweierreihen aufgestanden waren, das Gesicht nach vorne gerichtet. Irgendwann zuvor hatte

Lightoller aus unerfindlichen Gründen folgende Frage gestellt: " Wie viele sind wir auf diesem Boot?" und jemand antwortete: "Dreißig, Sir." Alle diesbezüglichen Zeugenaussagen bestätigen diese Zahl. Ich zitiere dazu Lightoller wie folgt: "Ich schätze grob etwa dreißig. Bei Tageslicht sah ich, dass das Boot vom Bug bis zum Heck prall gefüllt war. Wir nahmen alle an Bord, die wir konnten; ich sah aber auch keine weiteren Menschen, die es versucht hätten. Sehr viele Menschen waren im Wasser, aber nicht in unserer Nähe. Sie befanden sich in einiger Entfernung von uns."

Ich persönlich habe mich nicht umgeschaut, um zu zählen, aber ich weiß, dass sich vor mir acht Männer befanden; ich selbst und mein Nebenmann machen zwei mehr. Da das Engelhardt bis zum kleinsten Fleck gefüllt war und es die Last fast unter Wasser drückte, schätze ich, dass mehr als die Hälfte der Beladung hinter mir war. Ich erinnere mich an einen Umstand, der ebenfalls belegt, wie dicht besetzt wir waren. Als ich aufstand, musste ich mich ein- oder zweimal an der Rettungsweste meines Vordermannes festhalten, damit ich nicht die Balance verlor. Zeitgleich hielt sich der Mann hinter mir ebenso an mir fest. Diese Vorgehensweise, die nicht ganz ungefährlich für die Betroffenen war, hörte dann auch sofort auf.

Zu einem viel früheren Zeitpunkt hatte ich in einiger Entfernung zweifelsfrei die Mastlichter eines Dampfers ungefähr vier oder fünf Strich Backbord gesehen. Diese Position bezieht sich auf unseren Kurs, der auf die grünen Lichter des imaginären Schiffes zuhielt, von dem wir glaubten, es würde zu unserer Rettung eilen – in Wahrheit das bereits erwähnte Rettungsboot von Offizier Boxhall. Ich erinnere mich an unsere Bedenken, dass dieses imaginäre Schiff – in Ermangelung eigener Lichter – unser Boot rammen und versenken würde. Meine eigenen Augen blieben in dieser Nacht aber stundenlang auf die weit entfernten Lichter des Dampfers fixiert, der sich im Nachhinein als die *Carpathia* entpuppte. Zu meiner großen Enttäuschung schienen sie sich nicht auf uns zuzubewegen und kam somit auch nicht zu unserer Rettung. Später hörten wir, dass sie mit voller Fahrt auf den Ort des Untergangs der Titanic zugehalten hatte, und selbst auf einen Eisberg traf. In Sichtweite der Lichter unserer Rettungsboote, beziehungsweise derer, die welche hatten, stoppte sie. Das erste Boot, das längsseits kam, war Boxhalls Boot mit den grünen Lichtern. Dann ging endlich die Sonne auf und auf der Backbordseite unseres gekenterten Bootes sahen wir, Gott sei Dank, den Dampfer *Carpathia* in ungefähr vier oder fünf Meilen Entfernung – nebst weiteren Rettungsbooten der Titanic, die darauf zu ruderten. An unserer Steuerbordseite, wo wir die ganze Zeit über keinerlei Lichter gesehen hatten, sahen wir, zu unserer großen Überraschung, vier miteinander vertäute

Rettungsboote der Titanic. Dies waren in der Reihenfolge die Boote 14, 10, 12 und 4, wie wir anhand weiterer Aussagen im nächsten Kapitel sehen werden.

In der Zwischenzeit war die See rauer geworden, das Wasser spülte über den Kiel und wir mussten uns, wie bereits erzählt, hin- und herbewegen, um das Gleichgewicht zu halten. Wir alle waren in unserem kieloben treibenden Boot und in dieser schrecklichen Stunde hocherfreut, als uns der Tagesanbruch diesen glorreichen Anblick präsentierte. Lightoller setzte seine Pfeife an die kalten Lippen, blies einmal schrill und kurz hinein und erregte so die Aufmerksamkeit der Boote, die eine halbe Meile entfernt fuhren. "Kommt rüber und holt uns hier herunter", rief er. "Aye, aye, Sir", war die sofortige Antwort. Zwei der Boote legten von den anderen ab und ruderten direkt auf uns zu. Kurz bevor sie uns erreichten, befahl Lightoller uns nicht zu drängeln, sondern einer nach dem anderen und geordnet hinüberzuwechseln. Als ich an der Reihe war, stieg ich mit den Händen voran in das zur Rettung gekommene Boot; ich wollte auf keinen Fall das Leben anderer gefährden, oder sie ins Meer stürzen. Lightoller blieb bis zuletzt und hob einen leblosen Körper neben mir in das Boot. Ich bearbeitete den Körper eine Zeit lang und rieb die Schläfen und Handgelenke; aber als ich den Nacken drehen wollte, bemerkte ich, dass dieser vollständig steif war. Mir war klar, dass die Totenstarre eingesetzt hatte und der Mann tot war. Er war angezogen wie ein Mannschaftsmitglied und ich erinnere mich, dass er graue Wollsocken trug und dunkles Haar hatte. Unser Rettungsboot war so überbelegt, dass ich auf seinem toten Körper liegen musste, bis wir die *Carpathia* erreichten und man ihn dort an Bord nahm und bestattete. Meine Bemühungen, seinen Namen herauszufinden, waren sehr umfangreich, aber umsonst. Lightoller hatte zwar zwei Namen in Verdacht, war sich aber unsicher, welcher von beiden er war; wir stimmten aber beide überein, dass es nicht Phillips war, der Telegrafist. In dem Rettungsboot, das uns aufgenommen hatte, waren ungefähr 65 bis 70 von uns. Diese Zahl war jenseits aller Sicherheitsbestimmungen. Das Boot lag bereits tief im Wasser, als das Meer immer rauer wurde. Lightoller übernahm das Kommando und steuerte vom Heck aus. Ich war froh, als ich den jungen Thayer mittschiffs entdeckte. In unserer Nähe in Richtung Bug war eine französische Frau, die sehr krank wirkte, aber überlegt und tapfer handelte. Sie war so freundlich, dem an meiner Seite sitzenden Barkworth eine Wolldecke zu leihen; dieser teilte sie mit einem Crewmitglied (eventuell ein Heizer) und mir selbst. Die Decke war sehr hilfreich und wir zogen sie über unsere Köpfe, rückten enger zusammen und wärmten uns gegenseitig. Eine kurze Zeit lang wurde ein anderes Rettungsboot der Titanic von unserem gezogen. Meine Rettungsweste war nass und unbequem, also warf ich sie über Bord. Glücklicherweise brauchte ich sie auch nicht mehr, zumindest nicht in ihrer eigentlichen

Bestimmung. Heute bedauere ich, dass ich sie nicht als Reliquie aufbewahrt habe. Als wir auf das andere Boot hinüberwechselten und nur zwei Boote zu unserer Hilfe gekommen waren, waren einige sehr sauer, dass nicht auch noch die beiden anderen zu unserer Entlastung geeilt waren – besonders als wir sahen, wie wenige Menschen dort an Bord waren. Der Offizier, der die beiden kommandierte, war Fünfter Offizier Lowe, wie wir später erfuhren. Er hatte schlauerweise eine Art Segel auf sein Boot montiert, zog damit ein weiteres, hinter ihm fahrendes Boot und erreichte die *Carpathia* lange vor uns. Auf seinem Weg nahm er weitere Unglückliche auf, die in einem anderen Engelhardt-Boot saßen, das beträchtlichen Wassereinbruch hatte. Meine Recherchen, speziell in den Aussagen vor dem Untersuchungsausschuss des Senats, förderten die Identität der Boote zutage, auf die wir bei Tagesanbruch gewechselt waren. Es waren die Boote Nummer 12 und 4. Ersteres war das Boot, in dem Lightoller, Barkworth, Thayer jr. und ich saßen. Frederick Clench, ein fähiger Matrose, war für dieses Boot verantwortlich, und sein Bericht ist sehr interessant:

"Ich spähte auf dem Wasser entlang und entdeckte Männer, die auf einer Art Floß saßen. Dann hörte ich zwei Pfeifen. Ich schrie: "Aye, aye, ich komme rüber." Als wir hinüberruderten, sah ich, dass es gar kein Floß, sondern ein gekentertes Boot war, und dass Mr. Lightoller und, wie ich glaube, auch der Telegrafist darinsaßen. Wir nahmen sie an Bord und teilten den Platz mit ihnen. Sie waren alle durchweicht und Mr. Lightoller übernahm fortan das Kommando. Dann ging es los zur *Carpathia.* Wir mussten eine kleine Strecke rudern, denn da waren noch andere Boote vor uns und wir hatten ein Boot im Schlepptau, in dem noch mehr Leute saßen. Wir waren schon vorher ordentlich voll, aber mit den Neuankömmlingen waren wir bestimmt um die siebzig."

Dieser Bericht korrespondiert mit Lightollers Aussage zum selben Thema. Er sagt:

"Ich zählte 65 Köpfe, mich und andere, die im Boden des Bootes waren, nicht eingeschlossen. Also schätzungsweise 75 im Boot, das wirklich gefährlich voll war. Ich hatte alle Hände voll damit zu tun, es im Wasser zu halten."

In der Aussage von Steward Cunningham fand ich eine Übereinstimmung mit meiner Schätzung bezüglich unserer Entfernung zur *Carpathia* bei Tagesanbruch. Er sagt, es waren "ungefähr vier oder fünf Meilen."

Ein anderer Seemann, Samuel S. Hemming, der sich in Boot 4 unter dem Kommando von Quartiermeister Perkis befand, sagte wie folgte aus:

"Als der Tag anbrach, hörte ich ein Gebrüll und sah einige Männer, die etwa eine halbe Meile entfernt auf etwas standen, das wir für Eis hielten; in Wahrheit war es der Boden eines gekenterten Bootes. Zwei Boote legten ab und wir ruderten zu ihnen hinüber und zogen sie in diese Boote. Es waren weder Frauen noch Kinder an Bord und ich hörte, dass sich eine Leiche dort befand. Der Zweite Offizier Lightoller war auf dem kieloben treibenden Boot. Er kam aber nicht in unser Boot. Wir konnten nur vier oder fünf aufnehmen, der ganze Rest kletterte in das andere Boot."

Die Zeit, bis wir die *Carpathia* erreichten, schien nicht vergehen zu wollen. Andere Rettungsboote der Titanic waren ebenfalls zu dem Schiff der Cunard-Linie gerudert worden und hatten sich längsseits angeordnet. Dort wurden die Überlebenden des Unglücks entladen. In einem der Boote erkannte ich an der Backbordseite stehend meinen Freund, den Dritten Offizier H. J. Pitman, mit dem ich die Reise ostwärts über den Atlantik auf der *Oceanic* verbracht hatte. Überall entlang der *Carpathia* hingen Strickleitern. Um mich herum brauchte niemand Hilfe, also bestieg ich die erste Leiter und kletterte so schnell ich konnte nach oben. Ich wollte meine Kräfte testen und fühlte keinerlei Schwierigkeiten oder Erschöpfung. Oben betrat ich den ersten Abgang, der sich in meinem Weg befand, und fühlte mich, als ob ich auf die Knie fallen und das Deck für die Rettung meines Lebens küssen müsste. Dann begab ich mich zur Apotheke der Zweiten Klasse, wo ich ein warmes Getränk erhielt. Von dort ging ich ein Deck nach oben und wurde im Speisesaal herzlich willkommen. Nichts konnte die Freundlichkeit der Damen dort übertreffen, die allesmögliche taten, um es mir bequem zu machen. Meine nassen Sachen, der Mantel und die Schuhe, wurden zum Backofen hinuntergeschickt, um dort getrocknet zu werden. Da mir nunmehr die Kleidung fehlte, legte ich mich auf die Liege in einer Ecke rechts des Eingangs zum Saal und bedeckte mich mit Decken, bis mir wieder eine vollständige Garnitur Kleidung zur Verfügung stand.

Ich bin vielen der netten Menschen auf der Carpathia zu großem Dank bei der Erneuerung meiner Garderobe verpflichtet, ganz besonders Mr. Louis M. Ogden, einem entfernten Verwandten und alten Freund. Gleiches gilt für Mrs. Ogden und Mr. und Mrs. Spedden, die sich auf der Titanic befanden, sowie dem Kindermädchen ihres Sohnes. Sie gaben mir warmes Essen und heißen Kaffee, der mich wärmte und die Kälte vertrieb. Unter den Passagieren der Carpathia, die unterwegs war ins Mittelmeer, entdeckte ich einige Freunde von Mrs. Grade und mir selbst – Miss K. Steele, die Schwester von Charles Steele, aus New York; Mr. und Mrs. Charles H. Marshall und Miss Marshall, ebenfalls aus New York. Viele vertraute Gesichter weiterer Überlebender schauten besorgt über die Backbordreling zu uns herunter, darunter auch Freunde und Bekannte, denen ich zuwinkte, als ich im Bug des Bootes aufstand. Das Boot Nummer 12 war das letzte, das die *Carpathia* erreichte, und die Passagiere wechselten gegen 8:30 Uhr morgens hinüber auf das Schiff.

KAPITEL VI - BACKBORD: FRAUEN UND KINDER ZUERST

VORWORT

Die vorigen Kapitel, die meine persönlichen Erlebnisse und meine bemerkenswerte Rettung vor dem Tod in den eisigen Wassern des Mittelatlantiks erzählten, wurden vor einigen Monaten geschrieben. In der Zwischenzeit habe ich die praktisch gedruckten Heftchen erhalten, die sowohl die Anhörungen vor der amerikanischen, als auch vor der britischen Untersuchungskommission enthielten. Diese habe ich genauestens studiert.

Diese offiziellen Informationsquellen haben erheblich zu meinem Wissensschatz bezüglich des Unglücks beigetragen und stimmen in hohem Maß mit den Beschreibungen aus meiner persönlichen Sicht überein. Dazu gehören auch die hervorstechenden Punkte, die auf der *Carpathia* und vor unserer Ankunft in New York geschrieben wurden, und von denen ich in einem späteren Kapitel berichten werde.

In der Zwischenzeit hat mich die Korrespondenz mit Überlebenden und das Lesen aller möglichen Bücher, Magazine und Zeitungen noch vertrauter werden lassen mit der Geschichte dieses größten aller Schiffsunglücke, das in unserem Land für mehr Aufregung sorgte als jedes andere Ereignis, das binnen einer Generation in seiner Geschichte stattgefunden hat.

Der angewandte Maßstab, mit dem ich versuche, den Wahrheitsgehalt aller Aussagen in diesem Buch zu erfassen, sind die Aussagen vor den Untersuchungsausschüssen, die wiederum gründlichen und unparteiischen Analysen unterzogen worden sind. Alle Berichte über die Katstrophe, zum Beispiel aus Zeitungen oder anderen Quellen, die diesem raffinierten Prozess nicht standhalten, finden keinen Einzug und auch keine Erwähnung. Sind Belange von historischem Interesse oder persönlichem Verhalten betroffen und Gegenstand öffentlicher Auszeichnungen, werde ich versuchen, diese unparteiisch zu präsentieren, so dass sich der Leser seine eigene Meinung über etwaige Kontroversen bilden kann.

Ich habe bereits meine persönlichen Wahrnehmungen darüber, wie strikt die Regel des gesunden Menschenverstandes, "Frauen und Kinder zuerst", auf der Backbordseite des großen Dampfschiffes eingehalten wurde, von wo kein Mann, der sich dort aufgehalten und Frau, Mutter oder Schwester Lebewohl gesagt hatte, lebend entkommen war.

In der gegebenen, begrenzten Zeit habe ich alle Anstrengungen unternommen, alle der oben genannten Informationsquellen dahingehend auszuschöpfen, dass am Ende eine so komplett wie mögliche Liste aller meiner Kameraden entsteht, die auf der Backbordseite des Schiffes, und zwar vom ersten bis zum letzten Mann, für Ordnung und Disziplin sorgten und den Lebensmut der Frauen und Kinder so lange aufrecht erhielten, bis alle Boote die Titanic verlassen hatten und sie schließlich selbst mit dem Schiff untergingen.

Ich werde nun die Fakten und die Geschichte jedes Rettungsbootes präsentieren, sowohl derer auf der Backbord- als auch derer auf der Steuerbordseite. Soweit es mir möglich war diese zu erlangen, werden auch die Namen der darin verladenen Menschen, Passagiere wie Mannschaft, erwähnt; ebenso diejenigen, die man aus dem Wasser zog, die blinden Passagiere, die man unter den Ruderbänken fand und die Männer, die ohne Aufforderung von den Decks in die abfierenden Boote gesprungen waren und damit die Insassen nicht nur verletzten, sondern das Leben der Frauen und Kinder in Gefahr brachten. Nicht zuletzt werde ich darlegen, welche Zustände herrschten, als die einzelnen Boote abgefiert wurden und welche Zwischenfälle gegebenenfalls beim Transfer der Passagiere auf die *Carpathia* vorkamen.

Die besten Aussagen bezüglich des Verhaltens auf der Backbordseite des Schiffes finden sich in den sorgfältigen Äußerungen des famosen Offiziers Charles H. Lightoller vor dem Untersuchungskomitee des amerikanischen Senates:

Senator Smith: Aus Ihren Aussagen entnehme ich, dass sie beim Beladen der Rettungsboote – mit Frauen und Kindern zuerst – ausschließlich im Interesse der Passagiere selektiert haben?

Mr. Lightoller: Ja, Sir.

Senator Smith: Warum haben Sie das getan? Befehle des Kapitäns oder das Gesetz des Meeres?

Mr. Lightoller: Das Gesetz des gesunden Menschenverstandes.

Und in seiner Aussage vor dem britischen Ausschuss:

"Ich fragte den Kapitän auf dem Bootsdeck, 'Soll ich Frauen und Kinder in die Boote verladen?' Der Kapitän antwortete, 'Ja, und runter damit.' Ich befolgte seine Befehle und rede jetzt von der Backbordseite des Schiffes. Ich war nur backbord beschäftigt. Alle Boote auf dieser Seite wurden abgefiert, mit Ausnahme des letzten, das auf dem Dach des Offiziersquartiers verstaut war. Das war das Brandungsboot – das Engelhardt Boot (A). Wir hatten weder die Zeit, es zu Wasser zu lassen, noch es zu öffnen."

(Weiter). "Ich hatte keine Schwierigkeiten, das Boot zu füllen. Die Leute waren bereit und ruhig. Es gab kein Gedränge, kein Schubsen oder Rempeleien. Alle Männer verzichteten darauf, ihre Stärke auszuspielen und die

Frauen oder Kinder zurückzudrängen. Es hätte nicht ruhiger zugehen können, wenn wir in der Kirche gewesen wären."

Mit Bezug auf die letzten Boote, die das Schiff verlassen haben: (brit. Ausschuss):

"Als wir die Damen abfierten, waren jede Menge Amerikaner um uns herum, die mir in jeder Art und Weise behilflich waren."

Das Krähennest auf dem Fockmast war genau auf Höhe des Meeresspiegels, als die Brücke untertauchte. Die Menschen, die auf dem Schiff verbleiben mussten, beziehungsweise dem Teil, der noch nicht unter Wasser war, zeigten keine Gefühlsäußerung. Es gab keinerlei Anzeichen von Jammern. Soweit ich das aus eigenen Beobachtungen beurteilen kann, befanden sich auf der Backbordseite keine weiteren Frauen auf Deck.

Meine eigene Aussage vor dem Senatsausschuss lautete zu diesem Thema wie folgt:

"Ich möchte klarstellen, dass sowohl Männer als auch Frauen den größten Heldenmut bewiesen haben in der Zeit, in der ich mich am Bug backbord befand. Es gab keinen einzigen Mann, der danach gefragt hätte, in ein Boot zu dürfen – mit der einzigen Ausnahme, die ich bereits erwähnt habe (Bezug auf Colonel Astors Bitte seine Frau beschützen zu dürfen.) Keine einzige Frau schluchzte oder rang ihre Hände, alles verlief in perfekter Ordnung. Lightoller war herausragend in seinem Verhalten der Mannschaft gegenüber und diese tat ihre Pflicht. Er erschien mir, dass es etwas komplizierter als nötig war, die Boote entlang des Schiffes zu Wasser zu lassen. Der Grund dafür ist mir nicht bekannt. Ich weiß aber, dass ich meine Kraft so gut als möglich einsetzten musste, um die Boote über das Dollbord zu schieben. Es war unglaublich schwer, sie gleichzeitig anzuheben und hinüberzudrücken. (Was bei dem Engelhardt "D" der Fall war). Zuerst lehnte die Mannschaft meine Hilfe ab, später waren sie sehr froh darüber. Wo es eine Möglichkeit zu helfen gab, half ich."

Inwiefern diese Darstellung mit den Aussagen anderer Personen übereinstimmt oder nicht, ist den nun folgenden Beschreibungen zu entnehmen, welche die Besatzung der einzelnen Boote und damit gegebenenfalls zusammenhängende Vorkommnisse erläutern:

BOOT NR. 6

Keine männlichen Passagiere

Passagiere: Miss Bowerman, Mrs. J. J, Brown, Mrs. Candee, Mrs. Cavendish und ihre Zofe (Miss Barber), Mrs. Meyer, Miss Norton, Mrs. Rothschild, Mrs. L. P. Smith, Mrs. Stone und ihre Zofe (Miss Icard).

Stellvertretend für fehlende Mannschaft an Bord: Major A. G. Peuchen.

Von den Frauen verabschiedet und mit dem Schiff gesunken: Messrs. Cavendish, Meyer, Rothschild und L. P. Smith.

Mannschaft: Hitchens, Quartiermeister (verantwortlich). Matrose Fleet. (Ein Heizer, der von Nr. 16 zum Rudern herbeordert wurde). Dazu ein Junge mit verletztem Arm, den Kapitän Smith ins Boot gesetzt hatte.

Gesamt: 28. (brit. Ausschuss)

Vorkommnisse:

Lightoller's Aussage (am. Ausschuss): Ich rief nach Matrosen und einer sprang aus dem Boot und begann das Abfieren. Das Boot war etwa auf halbem Weg nach unten, als eine Frau herausrief, dass nur ein Mann an Bord sei. Mir standen nur zwei Matrosen zur Verfügung, und die konnte ich nicht entbehren. Ich war ganz schön in der Klemme, bis einer der Passagiere rief: "Wenn Sie wollen, gehe ich mit." Es war einer der Passagiere der Ersten Klasse, Major Peuchen aus Toronto. Ich fragte: "Sind Sie ein Seemann?" und er antwortete: "Ich bin Segler." Ich sagte: "Wenn Sie Seemann genug sind, nicht da hinunter zu fallen – es ist sehr schwierig, über die Seite zu klettern und auf das über zwei Meter entfernte Boot zu gelangen, also ein weiter Schwung in stockdunkler Nacht – wenn Sie Seemann genug sind, dort hinüberzukommen, dann los"; und er ließ seinen Worten Taten folgen und ging hinunter.

F. Fleet, Ausguck (am. und brit. Ausschuss): Der Zeuge sagt, dass 23 Frauen, Major Peuchen, Matrose Hitchens und er selbst an Bord. Als er das Deck verließ, hörte er Mr. Lightoller schreien: "Noch irgendwo Frauen? Nr. 6 und ein weiteres Boot trieben weg, nachdem sie die *Carpathia* erreicht hatten.

Major Arthur Godfrey Peuchen, Drogist, Toronto, Kanada, und Major in Torontos Eliteregiment, ' The Queen's Own Rifles', gab zu Protokoll:

Ich stand backbord auf dem Bootsdeck, ganz in der Nähe des Zweiten Offiziers und des Kapitäns. Einer von ihnen sagte: "Wir müssen diese Masten und Segel aus den Booten bekommen, vielleicht können Sie uns dabei helfen."

Ich sprang hinein und zerschnitt mit einem Messer die Taue des Masts und des Segels. Dann schob ich den Mast aus dem Boot hinaus. Man ließ nur Frauen hinein, die Männer mussten zurücktreten. So war der Befehl und der Zweite Offizier stand da und befolgte ihn aufs Genaueste. Er ließ keine Männer zu, mit der Ausnahme von Seeleuten, die das Boot bemannten. Ich habe keinen einzigen männlichen Passagier gesehen, der hineingelangt wäre oder dies versucht hätte. Ich habe noch nie so eine perfekte Ordnung gesehen. Die Disziplin war herausragend. Kein Mann hat sich feige benommen.

Als ich das erste Mal auf das obere Deck kam, waren da ungefähr 100 Heizer, die mit ihren Stausäcken hochgekommen waren und das ganze Deck vor den Booten zu belagern schienen. Einer der Offiziere, ich weiß nicht mehr welcher, ein sehr kräftiger Mann, kam rüber und trieb die Männer vom Deck wie eine Herde Schafe. Sie leisteten keinerlei Widerstand. Ich bewunderte ihn dafür. Später zählte man 20 Frauen, einen Quartiermeister, einen Matrosen und einen blinden Passagier, bevor man mich hineinbeorderte.

Als ich im Boot war ging ich zum Quartiermeister nach achtern und fragte: "Was soll ich tun?" "Gehen Sie nach unten und setzen Sie den Spund ein", erwiderte er. Ich tauchte ab in den Boden des Bootes und suchte den Spund. Die Damen saßen alle ziemlich weit achtern und ich konnte nichts erkennen. Es war dunkel da unten. Ich fühlte mit meinen Händen nach dem Teil und sagte, dass es wohl besser wäre, wenn er das übernehmen und ich seine Arbeit tun würde. Ich sagte, "Kommen Sie, suchen Sie den Spund da unten und setzen ihn ein. Ich werde die Taue losmachen." Die Verriegelungen mussten gelöst werden. Er ließ diese fallen und tauchte ab, um nach dem Spund zu sehen. Dann kam er zurück, half mir und sagte: "Los, schnell." Dann sagte er: "Das Boot wird untergehen." Ich dachte, damit meinte er das Rettungsboot, aber er meinte das Schiff und dass wir uns beeilen sollten und davon wegkommen. Also setzten wir das Ruder und er befahl mir nach voraus zu gehen und ein Ruderblatt zu nehmen. Das tat ich und schnappte mir ein Blatt an der Backbordseite. Der Quartiermeister gab uns die Anweisung, so kräftig wie möglich zu rudern, damit uns der Sog nicht erwischen konnte. Wir schafften eine kurze Distanz, als plötzlich ein blinder Passagier, ein Italiener, auftauchte. Er hatte ein gebrochenes Handgelenk oder Arm und war zum Rudern nicht zu gebrauchen. Er hatte sich unten im Boot versteckt, wo wir ihn nicht sehen konnten.

Gegen Morgen machten wir für 15 Minuten an einem anderen Boot (Nr. 16) fest. Wir sagten denen: "Sicher könnt ihr einen der Männer erübrigen, wenn ihr so viele davon habt." Ein Mann, ein Heizer, wechselte entsprechend zu uns und half beim Rudern an der Steuerbordseite. Auch die Frauen halfen mit den Riemen, und das sehr couragiert.

Wir machten uns auf zur Carpathia und alle wechselten auf sie hinüber. Ich sah auf meine Uhr und es war kurz nach acht Uhr.

Mrs. Candees Bericht ihrer Erlebnisse liest sich wie folgt:

Sie sah Mr. Kent zuletzt im Niedergang zwischen dem A-Deck und dem B-Deck. Sie übergab ihm eine Elfenbeinminiatur ihrer Mutter und anderer Erinnerungsstücke, die später bei seiner Leiche gefunden wurden, die man nach Halifax brachte. Er schien ihre Wertsachen nur widerstrebend zu akzeptieren und sein Gesicht schien eine gewisse Vorahnung auszudrücken.

Auch sie beobachtete den Vorgang, den Major Peuchen bereits beschrieben hatte, nämlich die Heizer, die hoch aufs Deck kamen und von einem Offizier wieder hinunterbeordert wurden. Sie lobt diese Männer in höchsten Tönen. Sie gehorchten wie Soldaten, ohne Murren oder Protest – und das, obwohl sie besser als jeder andere an Bord wussten, dass man sie auf direktem Weg in den Tod schickte. Als sie das erste Mal auf Deck auftauchten, waren noch keine Boote abgelassen worden und es wäre ein Leichtes für sie gewesen, einige davon zu "kapern."

Ihr Kabinensteward war ebenfalls ein Vorbild an Tapferkeit. Nachdem er ihr die Rettungsweste angezogen und ihre Kabine zum Schutz gegen Plünderer verschlossen hatte – was ihrer Meinung nach bei allen Kabinen auf diesem Deck passierte -, sagte sie zu dem mutigen Mann: "Sie sollten sich jetzt wirklich um sich selbst kümmern", worauf der Steward erwiderte, "Oh, da ist noch viel Zeit, Madam, da ist noch viel Zeit. " Er war verloren.

Als sie in Boot Nr. 6 einstieg, in der Dunkelheit und ohne Sicht darauf, wo sie hinsetzte, trat sie auf die Ruderblätter, die längs im Boot lagen, und verdrehte und brach sich das Fußgelenk.

Kurz bevor das Boot abgefiert wurde, sagte eine Männerstimme: "Kapitän, wir haben keinen Matrosen." Daraufhin schnappte Kapitän Smith einen Matrosen am Arm und sagte: "Da ist einer." Der Junge kletterte ins Boot, aber hinterher fand man heraus, dass er behindert war. Sie glaubt nicht, dass er Italiener war.

Ihr Eindruck war weiterhin, dass sich im Wasser bereits andere Boote befanden, die vor ihrem abgefiert worden waren. In ihrem Boot befand sich eine französische Frau, vielleicht 55 Jahre alt, die dauernd nach ihrem Sohn rief. Mrs. Candee saß neben ihr. Nach der Ankunft auf der *Carpathia* wurde diese Frau hysterisch.

Unbeschadet der Aussagen von Hitchens sagt sie, dass es von Seiten der Damen keinerlei Ärger oder Unzufriedenheit gab, noch nicht mal, als das Boot mehrmals in einem gefährlichen Winkel hing – manchmal mit dem Bug nach oben, manchmal mit dem Heck. Das Abfieren schien von irgendwelchen Dummköpfen ausgeführt worden zu sein. Sie selbst rief immer wieder

Anweisungen zu den Männern, die das Boot nach unten ließen, sonst wären sie wohl untergegangen.

Der italienische Junge im Boot war kein blinder Passagier, sondern wurde vom Kapitän, wie bereits berichtet, hineingesetzt; und er hat sich auch nicht geweigert zu rudern. Als er es aber probierte, war es wegen einer Verletzung seines Armes oder Handgelenks aussichtlos.

Freundlicherweise hat mir ein weiterer Mitpassagier, Mrs. J. J. Brown aus Denver, Colorado, ihre Erlebnisse in Boot Nr. 6 mitgeteilt – und sie erzählt in so entzückender und anschaulicher Weise, dass ich am liebsten ihren gesamten Bericht einfügen würde, wenn der Platz dies zuließe.

Wenn sie von den Menschen erzählt, mit denen sie sich an diesem Sonntagabend unterhielt, fällt der Name einer außerordentlich intellektuellen und weitgereisten Bekannten, Mrs. Bucknell, deren Gatte die Bucknell Universität in Philadelphia gegründet hatte; ebenso der Name eines weiteren Passagiers aus derselben Stadt, Dr. Brewe, der sich sehr in wissenschaftlichen Forschungen engagierte. Während Mrs. Browns Konversation mit Mrs. Bucknell wiederholte die letztgenannte ständig eine Aussage, die sie schon auf dem Tender in Cherbourg beim Warten auf die Titanic von sich gegeben hatte. Sie sagte, dass sie Angst hätte, das Schiff zu besteigen, weil ihr eine düstere Vorahnung sagte, dass etwas passieren würde. Mrs. Brown lachte über ihre Warnung und suchte kurz danach ihre Kabine auf.

Anstatt schlafen zu gehen, vertiefte sich Mrs. Brown in ein Buch und beachtete selbst den Aufprall am Fenster über ihr, der sie zu Boden warf, wenig. Nachdem sie sich wiederaufgerichtet hatte, wollte sie nachschauen, was den Dampfer getroffen hatte; obwohl direkt nach dem Zusammenprall die Motoren gestoppt hatten und das Schiff anhielt, dachte sie an nichts Schlimmes, verwarf den Gedanken, nahm ihr Buch und las weiter. Dann sah sie, dass sich ihre Vorhänge bewegten, während sie las – aber es war niemand zu sehen. Wieder schaute sie hinaus und sah einen Mann mit kreidebleichem Gesicht, heraustretenden Augen und dem Blick einer Kreatur, die gerade ein Gespenst gesehen hatte. Er schnappt nach Luft und japste ihr zu, "Nehmen Sie Ihre Schwimmweste." Es war einer der Einkäufer für Gimbel Bros. aus Paris und New York.

Sie holte ihre Rettungsweste herunter, schnappte sich ihre Pelze und bestieg eilig die Treppe hinauf aufs A-Deck, wo andere Passagiere ebenfalls ihre Schwimmwesten anzogen. Mrs. Brucknell ging auf sie zu und flüsterte: " Habe ich Ihnen nicht gesagt, dass was passieren wird?" Sie sah, wie die Rettungsboote aufs Deck abgefiert wurden. Madame de Villiers erschien von unten in ihrem Nachthemd und Hauslatschen, ohne Strümpfe. Sie trug einen langen, wollenen Mantel. Panik lag in ihrer Stimme, als sie Mrs. Browns Arm berührte und sagte, dass sie nach unten gehen würde und ihr Geld und ihre Wertsachen holen würde. Mrs. Brown bestand darauf, dass sie das nicht tun und stattdessen ins Boot steigen sollte. Mrs. Brucknell zögerte und wurde sehr aufgeregt, bis sie schlussendlich nachgab und einstieg. Daraufhin ging Mrs. Brown weg, um nachzusehen, was anderswo passierte. Plötzlich sah sie einen Schatten und wenige Sekunde später schnappte sie jemand und sagte: "Und Sie gehen auch!" Daraufhin ließ man sie über einen Meter hinunter in das sich absenkende Rettungsboot fallen. Lediglich ein Mann hatte das Kommando über das Boot. Als es der Offizier oben ruckartig weiter abfierte, entdeckte sie einen großen Wasserschwall, der aus einem Bullauge auf dem D-Deck strömte und das Boot in größte Gefahr brachte vollzulaufen. Sofort griff sie ein Ruderblatt und drückte das Rettungsboot damit weiter weg vom Schiff.

Als das Meer erreicht war, das glatt wie Glas war, blickte sie nach oben sah die gütige, schicksalsergebene Miene, das ehrwürdige, weiße Haar und die Chesterfieldische Haltung ihres geliebten Kapitäns Smith, mit dem sie schon zweimal den Atlantik überquert hatte, das letzte Mal nur drei Monate zuvor auf der *Olympic*. Wie ein besorgter Vater spähte er hinunter auf die Insassen des Bootes und bedeutete ihnen, zu dem Licht in der Ferne zu rudern – alle Boote miteinander.

Da fast keine Männer im Boot waren, hielt sie es für wichtig, dass jemand das Rudern übernahm. Sie platzierte ein Ruderblatt in einer Dolle und bat eine junge Frau, dieses festzuhalten, weil sie das andere gegenüber einführte. Zu Mrs. Browns Überraschung begann die junge Dame (vermutlich Miss Norton, von der wir anderswo sprechen werden) sofort zu rudern wie ein Galeerensklave. Dabei zählte sie jeden Schlag. Zusammen gelang es ihnen, schnell vom Dampfer wegzukommen.

Zu diesem Zeitpunkt waren die Decks E und C schon vollständig unter Wasser. Die Frauen, die noch Ehemänner, Söhne oder Väter auf dem verlorenen Schiff hatten, verbargen ihre Köpfe an den Schultern der neben ihnen sitzenden Damen und stöhnten und jammerten. Mrs. Browns Augen klebten förmlich an dem schnell verschwindenden Dampfer. Plötzlich war da eine Spalte im Wasser, das Meer öffnete sich und die Oberfläche schäumte wie gigantische Arme, die sich um das Schiff legten. Dann verschwand es ohne jedes Geräusch von der Bildfläche.

Dann folgt Mrs. Browns Bericht über das Verhalten des Quartiermeisters im Boot, der direkt im Anschluss nach der nächsten Überschrift folgt. Ich bitte zu beachten, dass ihre Aussagen mit denen aller anderer Passagiere im Boot übereinstimmen.

Das Morgengrauen enthüllt die schreckliche Lage. Da waren Eisfelder, auf denen man unzählige Eispyramiden sah, die wie Punkte auf der Landschaft thronten. Eine gefühlte halbe Stunde später erschien die Sonne, die wie ein Ball aus geschmolzenem Blei aussah, im Hintergrund. Der Pinsel der Natur zeichnete einen malerischen Effekt jenseits des menschlichen geistigen Horizonts. Die bisher so ruhige See wurde kabbelig und behinderte ihr Weiterkommen. Die ganze Zeit über beobachteten die Leute in Boot Nr. 6 wie die anderen Rettungsboote an Bord der *Carpathia* getreidelt wurden. Als das Boot schließlich als eines der letzten die Carpathia erreichte, war der Seegang schwer und es erforderte viel Kraft und Geschick in die Nähe des Schiffes zu gelangen. Drei oder vier Versuche scheiterten. Jedes Mal wurden sie gegen den Kiel geschleudert und wie ein Gummiball zurückgeworfen. Dann warf man ein Seil hinunter, das unten in vier Teile aufgespleißt worden war, und aus dem eine Jakobsleiter gebastelt wurde. Nachdem der Halt erstmal da war, wurden sie hochgezogen. Oben warteten bereits ein Dutzend Mannschaftsmitglieder, Offiziere und Doktoren, die sie fingen und so mitfühlend behandelten, als seien sie Kinder.

HITCHENS' VERHALTEN:

Major Peuchen (am. Untersuchung) fuhr fort:

Da war der Ruf eines Offiziers, so etwas wie eine Pfeife, der von uns verlangte zum Schiff zurückzukehren. Der Quartiermeister befahl uns das Rudern einzustellen. Wir alle dachten, dass es nun zurück zum Schiff gehen würde, aber der Quartiermeister sagte: "Nein, wir fahren nicht zurück zum Schiff; dies sind unsere Leben, nicht ihre." Die Frauen rebellierten sofort dagegen. Ich bat ihn, mir beim Rudern zu helfen und dafür einige der Frauen das Boot steuern zu lassen. Es war eine völlig ruhige Nacht und man hätte keine Kenntnisse dafür benötigt. Er lehnte dies ab und gab mir zu verstehen, dass er das Kommando hatte und ich rudern solle.

Dann glaubte er ein Licht zu sehen. Ich bin sehr oft gesegelt in meinem Leben und habe sechs Jahre lang ein Segelboot besessen. Ich sah eine Reflektion. Er glaubte, es sei irgendeine Art Boot, vielleicht eine Boje. Er fragte ein Boot in der Nähe, ob dort jemand wusste, ob es in dieser Gegend Bojen gebe. Mir erschien das völlig absurd.

Ich hörte einen, zwei, drei polternde Geräusche; dann gingen die Lichter des Schiffs aus. Es folgten schreckliche Schreie und Hilferufe – Stöhnen und Weinen. Es betraf alle Frauen in unserem Boot, deren Männer unter den Menschen im Wasser waren. Das ging so eine ganze Zeit fort, wurde dann aber schwächer und schwächer. Zuerst war es grausam, zuhören zu müssen. Wir waren vielleicht etwas mehr als eine halbe Meile entfernt, als dies passierte. Nur zwei von uns ruderten ein schweres Boot mit sehr vielen Leuten darin, und ich glaube nicht, dass wir viel Strecke gemacht hatten. Einige der Frauen im Boot bedrängten den Quartiermeister umzudrehen. Er sagte, es hätte keinen Zweck zurückzufahren – dass da nur "eine Menge Leiche herumschwammen."

Matrose Fleet (am. Untersuchung):

Alle Frauen baten uns, dorthin zurückzukehren, wo die Titanic untergegangen war, aber der Quartiermeister, der zu diesem Zeitpunkt an der Pinne war, verweigerte dies. Sie baten ihn darum, aber er wollte nicht hören.

Mrs. Candee weiter:

Hitchens war feige und die ganze Zeit fast verrückt vor Angst. Nachdem wir das Schiff verlassen hatten, meinte er gehört zu haben, wie der Kapitän sagte: "Kommt längsseits." Da war er noch dafür umzukehren, bis ihn die Passagiere daran erinnerten, dass der letzte Befehl des Kapitäns lautete, "Haltet die Boote zusammen und rudert weg vom Schiff." Sie hatte diesen Befehl selbst gehört.

Danach erinnerte er diejenigen, die an den Ruderblättern saßen, ständig daran, dass wir vom sinkenden Schiff unter Wasser gesogen werden würden, wenn wir nicht schneller ruderten. Das widerholte er wann immer unsere Muskeln müde wurden.

Direkt nach dem Untergang der Titanic entzündete sich eine Diskussion, ob wir umkehren sollten. Hitchens sagte, dass unser Boot sofort zum Sinken gebracht werden würde, sollten wir in dieses Chaos zurückkehren.

Immer wieder erinnerte uns Hitchens auch daran, dass wir ohne Wasser, ohne Nahrung und Schutz vor der Kälte hunderte Meilen von Land entfernt waren und uns ein aufkommender Sturm hilflos vorfinden würde. Uns erwartete also der Tod durch Verhungern oder Ertrinken. Er sagte, er wüsste nicht mal in welche Richtung wir ruderten. Ich korrigierte ihn und zeigte auf den Polarstern über unserem Bug.

Als unser Boot längsseits der Nr. 16 kam, befahl Hitchens sofort die beiden Boote miteinander zu verzurren. Er verließ das Ruder und gönnte sich eine Pause. Als die *Carpathia* in Sichtweite dampfte, ordnete er an, die Boote treiben zu lassen. Zu den Menschen in beiden Booten gerichtet sagte Mrs. Candee: "Dort, wo diese Lichter sind, liegt unsere Rettung. Sollten wir ihr nicht entgegengehen?" Die Antwort war ein zustimmendes Gemurmel. Sofort wurde das Rudern wieder aufgenommen.

Hitchens wurde gebeten, beim beschwerlichen Rudern mitzuhelfen. Einige Frauen versuchten ihn zu verspotten und ihn so zur Hilfe anzuspornen. Als man ihm vorschlug, dass der verletzte Junge die Pinne übernehmen könnte und er selbst rudern sollte, verneinte er dies, wie er jede Art von Arbeit generell ablehnte. Einer der Damen gegenüber war er so unhöflich, dass sich die zurechtweisende Stimme eines Mannes erhob: "Sie sprechen mit einer

Dame"; woraufhin er antwortete: "Ich weiß, mit wem ich rede, und ich kommandiere dieses Boot."

Als man ihn fragte, ob die *Carpathia* kommen und uns aufnehmen würde, erwiderte er: "Nein, sie wird uns nicht aufnehmen, sie wird die Leichen einsammeln." Diese Aussage war den Frauen und Mütter der Toten gegenüber unnötig und außergewöhnlich brutal.

Als wir uns der *Carpathia* näherten, weigerte er sich auf die weniger stürmische Seite zu fahren, da dies bedeutet hätte länger in der rauen See zu bleiben. Das Anlanden war entsprechend schwierig.

In Mrs. Browns Bericht finden sich weitere Aussagen bezüglich des Quartiermeisters, der das Kommando über das Boot hatte, in dem sie saß:

Er, Quartiermeister Hitchens, war am Ruder, stand deutlich über uns und zitterte wie Espenlaub. Als sie vom Schiff wegruderten, warnte sie seine angsterfüllte Stimme vor dem Schicksal, das sie erwarten würde. Er sagte, dass es nutzlos sei von dem sinkenden Schiff wegzurudern, da es bei seinem Untergang alles im Umkreis von mehreren Meilen mit in seinen Sog ziehen würde; und sollten wir dem entrinnen, würden die Heizkessel explodieren, den Meeresboden auf- und die Eisberge entzweireißen und uns alle unter Wasser drücken. Sie waren so oder so verloren. Er schwelgte geradezu in dem düsteren Schicksal, das alle erwartete und schilderte den Unfall der S.S. New York, als die Titanic die Docks in Southampton verlassen hatte.

Nachdem das Schiff gesunken und keine der von dem verängstigten Quartiermeister prophezeiten Katastrophen eingetroffen war, wurde er aufgefordert umzudrehen und die Menschen im Wasser aufzunehmen. Wieder wurden die Insassen des Bootes getadelt und ihnen beschrieben, wie die um sich schlagenden, ertrinkenden Opfer die Seiten des Bootes ergreifen und es zum Kentern bringen würden. Da er dem Flehen nicht nachkam, nahmen die Ruderer ihre Arbeit noch energischer als vorher auf und trieben das Boot in Richtung eines schwach schimmernden Lichtes am Horizont. Nach drei Stunden Schwerstarbeit wurde das Licht noch schwächer und verschwand schließlich. Dann begann dieser Quartiermeister, der zitternd im Bug stand mit einer Haltung wie jemand, der zu einer Menge predigen wollte und die Luft mit den Händen fächelte, erneut seine Tirade grässlichster Prophezeiungen. Er erinnerte die Insassen daran, dass sie wahrscheinlich Tage über Tage herumtreiben würden, die ganze Zeit umgeben von Eisbergen; da zeigte er auf eine Pyramide aus Eis, die sich in der Ferne erhob, bestimmt über 20 Meter hoch. Nachdrücklich schärfte er den Menschen ein, dass sich kein Wasser in den Behältern des Rettungsbootes befand; es gab auch kein Brot, keinen Kompass und keine Karte. Niemand antwortete ihm. Alle schienen wie vom Donner gerührt. Eine der Damen im Boot hatte die Geistesgegenwart besessen, ihr silbernes Whiskyfläschchen zu retten. Als sie es in der Hand hielt und das Silber glänzte, wurde er darauf aufmerksam und bedrängte die Dame, es ihm zu geben, da er fast am Erfrieren sei. Sie verweigerte ihm den Brandy, zog aber ihre Decke aus und drapierte diese um seine Schultern, während eine andere Dame eine zweite Decke um seine Hüfte wickelte. Damit sah er aus "wie die Made im Speck."

Anschließend bat man den Quartiermeister, den einen oder anderen abzulösen, der sich mit dem Rudern abgemüht hatte. Dies lehnte er rundweg ab und verspottete sei weiter indem er rief: "He, du Kerl da an Steuerbord, dein Ruder trifft das Wasser nicht im rechten Winkel." Niemand protestierte gegen seine Ausbrüche, da sie immerhin die Eintönigkeit unterbrachen. Sie ruderten beständig weiter, ohne auch nur die Spur eines Zieles zu haben. Bald erhob er seine Stimme und rief einem anderen Rettungsboot zu herüberzufahren und sich längsseits zu verzurren. Dann befahl er einigen Damen die Leuchte zu nehmen und den anderen Booten ein Signal zu geben. Seinem Befehl wurde sofort Folge geleistet. Sein nächster Befehl lautete, die Ruder wegzulegen. Kurze Zeit später legte ein anderes Rettungsboot bei und befolgte seinen Befehl, ein Tau zu werfen, damit man es längsseits verzurren konnte. Auf dem Kreuzsitz dieses Bootes stand ein Mann in einem weißen Pyjama. Man hätte ihn in dieser eisigen Region für einen Schneemann halten können. Seine Zähne klapperten und er schien ziemlich benommen zu sein. Mrs. Brown, die sein Dilemma erkannt hatte, meinte zu ihm, dass er besser rudern sollte, damit sich sein Kreislauf wieder ankurbeln würde. Aber ihr Vorschlag traf auf nachdrücklichen Protest des Quartiermeisters. Nach dem Anlegen des Bootes forderten Mrs. Brown und ihre Kameraden an den Ruderblättern, die die Windböen der Eisfelder fühlten, dass sie rudern durften, um warm zu bleiben.

Dann sprang ein halb erfrorener Heizer in ihr Boot, schwarz und mit Ruß überzogen. Da er nur mit einem dünnen Pulli bekleidet war, holte sie eine große Zobelstola, die sie ins Boot gelegt hatte, und wickelte sie von der Hüfte abwärts um seine Glieder. Die Enden machte sie an seinen Fußgelenken fest. Dann gab sie ihm ein Ruderblatt und rief dem Mann im Pyjama zu loszumachen. Der Quartiermeister heulte auf vor Wut und versuchte, das zu verhindern. Mrs. Brown sagte ihm, dass man ihn über Bord werfen würde, wenn er das versuchte. Jemand legte ihr eine Hand auf die Schulter, um sie zu besänftigen, aber sie wusste, dass es gar nicht nötig sein würde, ihn aus dem Boot zu werfen. Hätte sie nur eine Bewegung in Richtung des Quartiermeisters gemacht, wäre er ins Meer getaumelt, so gelähmt war er vor Furcht. Mittlerweile hatte er sich selbst soweit in einen Zustand höchster Verzweiflung hochgeschaukelt, dass er fürchtete, das nächste Gedrängel im Boot würde den

Spund aus dem Boden ziehen. Schließlich wurde er sogar so impertinent, dass unser pelzbesetzter Heizer im breitesten Cockney-Slang aus Haymarket schrie: "Ey, Sie, wiss'n Sie nicht, dass Sie mit 'ner Lady reden?" Fürs erste wurde der Seemann ruhiggestellt und wir nahmen das Rudern wieder auf. Zwei weitere Damen halfen uns dabei.

Während sie ihren Blick über den Rand des Horizonts schweifen ließ, sagte die junge Engländerin (Miss Norton) am Ruderblatt mit gedämpfter Stimme: "Dort ist ein Blitz." "Das ist eine Sternschnuppe", antwortete unser pessimistischer Seemann. Erst als das Licht heller wurde, ließ er sich davon überzeugen, dass es ein Schiff war. Wie auch immer, je weiter wir ruderten, desto endloser schien die Entfernung zu sein. Wir sahen, dass das Schiff vor Anker lag. Wieder wurde die Ansage getroffen, dass wir dorthin rudern würden, und zwar unabhängig von dem, was der Quartiermeister anordnete. Die junge Engländerin von der Themse machte sich sofort an die Arbeit und begleitete ihre Ruderschläge mit aufmunternden Worten für die kraftlosen Insassen des Bootes.

Mrs. Brown beschreibt den Quartiermeister nochmals treffend mit den letzten Worten, die sie ihm in ihrem Bericht widmet. Als sie den Speisesaal der *Carpathia* betrat, sah sie ihn in einer Ecke – den tapferen und heldenhaften Seemann! Eine ganze Traube Menschen stand um ihn herum, als er wild gestikulierte und ihnen zu vermitteln versuchte, wie schwer es gewesen war, die Disziplin auf dem Boot aufrechtzuerhalten; als er aber Mrs. Brown und ein paar andere aus dem Boot in der Nähe sah, zögerte er nicht lange und zog sich eilends zurück.

R. Hitchens, Quartiermeister (am. und brit. Untersuchung) erklärt sein Verhalten wie folgt:

Der Zweite Offizier Lightoller gab mir das Kommando über Nr. 6; als man uns vom Schiff abfierte, erklärte ich denen im Boot, das jemand rudern musste. Es hatte keinen Zweck, längsseits des Schiffes zu stoppen, da dieses immer mehr buglastig wurde. Wir waren in großer Gefahr, also befahl ich ihnen, die Ruderblätter zu bemannen – darunter auch die Damen. "Alle müssen ihr Bestes geben." Ich löste eine der jungen Damen an einem der Ruder ab und sagte ihr, sie solle die Pinne übernehmen. Sie ließ das Boot sofort querab gehen und die anderen Damen wurden ziemlich nervös; also übernahm ich die Pinne wieder und sagte ihnen, sie sollten selbst schauen, wie sie zurechtkämen. Die Dame, die ich meine, war Mrs. Meyer. Sie war wohl ziemlich sauer auf mich und ich redete ziemlich harsch mit ihr. Ihre Anschuldigungen mir gegenüber besagten unter anderem, dass ich mich in Decken gewickelt, geflucht und den ganzen Whisky ausgetrunken hätte – was ich entschieden verneine, Sir. Ich stand da in Habachtstellung, der Witterung ausgesetzt, und steuerte das Boot die ganze Nacht. Das ist ein ganz schön kalter Arbeitsplatz! Lieber hätte ich das Boot gerudert, statt es zu steuern; aber da war niemand da, der steuern konnte. Also dachte ich, da ich ja die Verantwortung hatte, dass es besser wäre, selbst zu steuern – besonders als ich sah, dass die Nervosität unter den Damen wuchs.

Ich kann mich nicht daran erinnern, dass die Frauen mich drängten zur Titanic zurückzufahren. Ich selbst bin nicht zu der Stelle, wo die Titanic untergangen war, zurückgekehrt, weil die Sogwirkung des Schiffes das Boot mit allen Insassen unter Wasser gezogen hätte. Außerdem kannte ich den Weg zurück zur Titanic nicht. Ich beobachtete die ganzen anderen Boote. Jeder sah auf die Lichter des nächsten Bootes. Nachdem die Lichter verschwunden und ausgegangen waren, hörte wir Schreckensschreie – Weinen, Stöhnen und Gezeter. Wir machten an einem anderen Boot fest – es war die Nr. 16. Ich hatte 38 Frauen in meinem Boot. Ich habe sie gezählt, Sir. Dazu ein Matrose, Fleet, der kanadische Major, der gestern hier ausgesagt hat, ich selbst und der italienische Junge.

Wir kamen schließlich zur *Carpathia* und ich achtete darauf, dass jede Dame und auch die anderen sicher aus dem Boot und zur *Carpathia* hinaufgezogen wurden. Ich war der Letzte, der das Boot verließ.

BOOT NR. 8

Keine männlichen Passagiere in diesem Boot.

Passagiere: Mrs. Bucknell und ihre Zofe (Albina Bazzani); Miss Cherry, Mrs. Kenyon, Miss Leader, Mrs. Pears, Mrs. Penasco und ihre Zofe (Mmle. Olivia); Gräfin Rothes und ihre Zofe(Miss Maloney); Mrs. Swift, Mrs. Taussig, Miss Taussig, Mrs. White und ihre Zofe (Amelia Bessetti); Mrs. Wick, Miss Wick, Miss Young und Mrs. Straus' Zofe (Ellen Bird).

Frauen: 24,

Von den Frauen verabschiedet und mit dem Schiff gesunken: Messrs. Kenyon, Pears, Penasco, Taussig und Wick.

Mannschaft: Matrose T. Jones, Stewards Crawford und Hart, ein Koch.

Gesamt: 28.

Vorkommnisse

T. Jones, Matrose (am. Untersuchung). Der Kapitän fragte mich, ob der Spund schon im Boot sei. Ich antwortete: "Ja, Sir." "Gut", sagte er, "noch Damen irgendwo?" Er wiederholte noch zweimal: "Noch Frauen irgendwo?"

Ich ruderte in Richtung des Lichtes, sah aber schon bald, dass ich es nicht erreichen konnte; also wartete ich eine Weile. Ich wollte zum Schiff zurückkehren, aber die Damen hatten große Angst. Insgesamt hatte ich 35 Damen und drei Stewards, Crawford, Hart und einen weiteren. Es gab keine Männer, die angeboten hätten, mit ins Boot zu gehen. Als wir das Schiff verließen, sah ich keine Kinder und nur ein paar wenige Frauen. Da waren eine alte Dame und ein alter Gentleman, ihr Ehemann. Sie wollte, dass er mit ihr ein Boot bestieg, aber er widersetzte sich ihr. Sie hat nichts dazu gesagt; und wenn sie es tat, haben wir es nicht gehört, weil der Dampf herauswich und dermaßen Lärm verursachte.

Senator Newlands: Können Sie mir die Namen der Passagiere in diesem Boot nennen?

Zeuge: Eine Dame— sie hatte viel zu sagen und ich setzte sie ans Steuer des Bootes.

Senator Newlands: Wie war ihr Name?

Zeuge: Lady Rothes; sie war eine Gräfin, oder sowas ähnliches.

A. Crawford, Steward (am. Untersuchung).

Nachdem es gekracht hatte, ging ich hinaus und sah den Eisberg, ein riesiges, schwarzes Objekt, viel höher als das B-Deck. Er passierte uns steuerbord. Wir beluden Nr. 8 mit Frauen. Kapitän Smith und ein Steward ließen die vorderen Flaschenzüge ab. Der Kapitän befahl mir einzusteigen. Er gab Order, nach dem Licht zu rudern, die Menschen dort anzulanden und zum Schiff zurückzukehren. Die Gräfin Rothes war die ganze Nacht am Ruder. Da waren zwei Lichter, nicht weiter als zehn Meilen entfernt – unbewegliche Lichter eines Masttops. Jeder sah sie – auch die Damen im Boot. Sie fragten, ob wir uns dem Dampfer näherten, aber wir schien keinerlei Fortschritt zu machen; erst bei Tagesanbruch sahen wir einen anderen Dampfer, die sich uns näherte. Das war die Carpathia, also drehten wir um und fuhren dorthin. Wir waren das am weitesten entfernte Boot. Ich bin sicher, dass es ein Dampfer war, ein Segelschiff hätte niemals zwei Masttop-Lichter gehabt.

Mrs. J. Stuart White (am. Untersuchung).

Senator Smith: Haben Sie nach dem Unfall irgendetwas bezüglich der Disziplin oder des Verhaltens der Offiziere oder der Mannschaft beobachtet und wollen Sie darüber reden?

Mrs. White: Bevor wir und vom Schiff losmachten, haben diese Stewards Zigaretten herausgeholt und angezündet. In dieser Situation! Das habe ich sicher gesehen. All diese Männer sind nur entkommen, weil sie vorgegeben hatten Ruderer zu sein. Der Mann, der in meiner Nähe ruderte, nahm das Blatt und steuerte das Boot in jede nur mögliche Richtung. Ich fragte ihn: "Warum stecken sie das Blatt nicht in die Ruderdolle?" Er sagte: "Steckt man es in dieses Loch?" Ich sagte: "Sicher." Er: "Ich hatte noch nie ein Ruderblatt in meiner Hand." Dann redete ich mit dem anderen Mann und dieser sagte: "Auch ich hatte noch nie sowas in der Hand, aber ich glaube, dass ich rudern kann." Das waren also die Männer, mit denen man uns in dieser Nacht dem Meer übergab – und all die großartigen Kerle, die uns beschützt hätten, mussten an Bord bleiben - das waren also die Männer, mit denen man uns in dieser Nacht auf dem Meer aussetzte! Es waren 22 Frauen und vier Männer im Boot. Keiner der Männer schien eine Ahnung davon zu haben, wie man ein Boot fährt, außer einem, der sich im Heck des Bootes befand und die Anweisungen gab. Die strikten Befehle des Offiziers, der uns ins Boot gesetzt hatte, lauteten, dass wir uns zu dem gegenüberliegenden Licht aufmachen, dort die Passagiere abladen und so schnell es geht zurückkehren sollten. Gemeint war das Licht, das jeder in der Ferne sah. Ich habe es deutlich wahrgenommen. Es war zehn Meilen entfernt, aber wir ruderten, ruderten und ruderten, ohne es zu erreichen. Dann beschlossen wir alle, dass es unmöglich war, dorthin zu gelangen und wir umkehren sollten, um zu sehen, was wir für die anderen tun konnten. Wir hatten ja nur 22 in unserem Boot. Also drehten wir um, fuhren zurück und trieben uns dort eine Zeitlang herum. Wir konnten die anderen Boote nicht ausmachen, hörten sie aber. Die einzige Möglichkeit, etwas zu sehen, war mein elektrisches Licht. Ich hatte einen elektrischen Gehstock bei mir, der eine elektrische Lampe eingebaut hatte. Die Lampe im Boot konnten wir getrost vergessen. Es gab keinerlei Aufregung in unserem Schiff. Niemand schien Angst zu haben. Keiner war von Panik ergriffen. Als sich die Frauen und ihre Männer mit einem Kuss verabschiedeten, waren das Szenen voller Pathos. Wir waren das zweite Boot (Nr. 8), das vom Schiff ablegte und wir bekamen von dem, was später passierte, nichts mehr mit. Wir waren nicht nah genug. Zwar hörten wir die gellenden Schreie der Passagiere, als sie untergingen, aber die damit einhergehenden, qualvollen Szenen blieben uns verborgen. Alle Frauen in unserem Boot ruderten – jede einzige. Miss Young ruderte jede Minute. Die Männer (die Stewards) hatten nicht den leisesten Schimmer vom Rudern und konnten es einfach nicht. Miss Swift ruderte den ganzen Weg zur *Carpathia.* Gräfin Rothers stand an der Pinne. Wo wären wir ohne diese Frauen und mit diesen Männern, die das Kommando über das Boot hatten, nur gelandet? Dieser oberste Matrose gab Befehle und die anderen Männer hatten keine Ahnung von einem Boot. Sie sagten: "Wenn Sie nicht aufhören, durch dieses Loch in ihrem Kopf zu reden, gibt es bald einen weniger in diesem Boot." Das war die Sorte Männer, in deren Hand wir waren. Ich schlichtete zwei oder drei Streite zwischen ihnen und beruhigte sie. Stellen Sie sich vor, da wollte einer eine Pfeife herausholen und diese anzünden, was ja höchst gefährlich war. Wir hatten alle Wolldecken um uns herumgewickelt.

Aber auch eine andere Sache war schändlich. Als diese Männer in das Boot stiegen, hatte man sie gefragt, ob sie rudern könnten. Stellen Sie sich vor, Männer, die ein Rettungsboot kommandieren sollen, frägt man, ob sie rudern können!

Senator Smith: Es gab keine männlichen Passagiere in ihrem Boot?

Mrs. White: Keinen einzigen. Ich habe in meinem Leben noch nie vornehmere Männer gesehen als die männlichen Passagiere auf dem Schiff – Athleten und Männer mit scharfem Verstand. Hätte man ihnen erlaubt, mit ihren Familien die Rettungsboote zu besteigen, wären diese ordentlich bemannt gewesen und viele Leben mehr gerettet worden. Stattdessen setzte man Stewards hinein, die ihr Leben unter dem Vorwand retten wollten, dass sie rudern könnten, obwohl sie überhaupt keine Ahnung davon hatten.

BOOT NR. 10

Keine männlichen Passagiere in diesem Boot.

Passagiere: Erste Klasse, Miss Andrews, Miss Longley, Mrs. Hogeboom.

Zweite Klasse: Mrs. Parrish, Mrs. Shelley. 41 Frauen, 7 Kinder.

Mannschaft: Matrosen: Buley (verantwortlich), Evans; Heizer Rice; Stewards Burke und ein weiterer.

Blinder Passagier: 1 Japaner.

Sprang vom J-Deck in das abfierende Boot: 1 Armenier.

Total: 55

Vorkommnisse

Edward J. Buley, Vollmatrose. (am. Untersuchung).

Der Leitende Offizier Wilde sagte: "Finden Sie einen weiteren Matrosen, der Ihnen helfen kann, und springen Sie rein." Ich fand meinen Kameraden Evans, ebenfalls Vollmatrose, und wir kletterten ins Boot.

Vieles in den Aussagen des Matrosen Buley und des Stewards Burke steht ebenso in der Niederschrift des Matrosen Evans. Deswegen zitiere ich nur aus letzterer.

F. O. Evans, Vollmatrose. (am. Untersuchung).

Ich ging mit dem Rest der Mannschaft hoch (aufs Bootsdeck) und zog die Planen von den Booten auf backbord. Dann rannte ich nach steuerbord und fierte dort mit der Hilfe des Bootsmannes des Schiffes, A. Nichol, die Boote ab. Als nächstes (nach Nr. 12) begann ich mit Nr. 10. Dort stand Mr.

Murdoch. Mit der Hilfe eines Stewards fierte ich dieses Boot ab. Der Leitende Offizier sagte: "Rein ins Boot mit Ihnen." Ich kletterte in den Bug. Ein junger Schiffsbäcker schnappte sich die Kinder und scheuchte sie ins Boot. Mr. Murdoch und der Bäcker ließen die Frauen aus ungefähr einem Meter Höhe ins Boot springen. Eine Frau in einem schwarzen Kleid rutschte aus und fiel hin. Sie schien so aufgeregt zu sein, dass sie zuerst gar nicht springen wollte. Als sie es dann tat, ging der Sprung nicht weit genug und sie fiel zwischen das Schiff und das Boot. Einige Männer auf dem darunterliegenden Deck zogen sie zurück aufs Schiff. Daraufhin ging sie erneut hoch aufs Bootsdeck, sprang erneut und landete dieses Mal sicher im Boot. Keines der Kinder verletzte sich. Der einzige Unfall passierte mit dieser Frau. Der einzige männliche Passagier war ein Fremder. Er sprang vom A-Deck hinein, als wir das Boot abfierten – sprang mit voller Absicht hinüber und rettete sich.

Als wir auf dem Wasser landeten, war es unmöglich den Haken unterhalb der Ruderbank zu lösen, da die Frauen dicht an dicht saßen. Wir mussten ihn weiter oben händisch so lange bearbeiten, bis die Feder nachgab und der Kran uns losließ. Schnell bewegten wir uns vom Schiff weg und ruderten ungefähr 200 Meter. Dort machten wir drei weitere Boote fest. Einem der Männer gaben wir unsere Fangleine und setzten unseren Weg fort zu Nr. 12. Dort stoppten wir für etwa eine Stunde und Offizier Lowe kam mit seinem Boot Nr. 14 herüber und meinte: "Ihr Matrosen müsst die Passagiere auf die Boote aufteilen. Verzurrt sie miteinander, dann kommt ihr in mein Boot und wir fahren zurück zum Wrack, um dort weitere Überlebende aufzunehmen."

Der Zeuge sagte aus, dass die Rettungsboote sechzig Menschen aufnehmen konnten.

Senator Smith: Darf ich Sie so verstehen, dass jedes Rettungsboot, also zum Beispiel Nr. 12, Nr. 14 oder Nr. 10, voll beladen und trotzdem sicher ins Wasser abgefiert hätten werden können?

Mr. Evans: Ja, genau das taten wir, Sir.

Senator Smith: Das ist eine ziemlich gute Antwort.

Mr. Evans: Es das erste Mal, dass ich überhaupt so ein Boot beladen habe, Sir.

Das Heck des Schiffes, das sich nach voraus geneigt hatte, blieb für ungefähr vier oder fünf Minuten aufrecht stehen.

W. Burke, Steward im Speisesaal (am. Untersuchung).

Ich ging zu meiner Station und sah, dass mein Boot, die Nr. 1, bereits weg war. Dann eilte ich zur Backbordseite und half dabei, Boot Nr. 8 abzufieren. Dann ging es weiter mit Nr. 10. Der Offizier sagte: "Sofort rein mit Ihnen" und schob mich in Richtung des Bootes. Ich kletterte hinein. Als man an Deck keine weiteren Frauen mehr fand, gab der Offizier den Befehl, das Boot abzufieren.

Nach dem die beiden Matrosen (Buley und Evans) auf Boot Nr. 14 versetzt wurden, sagten einige der Damen vorne zu mir: "Hier unten sind zwei Männer im Boden des Bootes." Ich packte sie mir und zog sie hoch. Der eine war offensichtlich Japaner und sprach kein Englisch. Ich setzte ihn an ein Ruderblatt. Der andere schien Italiener zu sein. Ich versuchte mit ihm zu reden, aber er sagte: "Armenisch." Auch ihn setzte ich an ein Ruderblatt. Danach machten wir am Boot eines Offiziers fest – ich denke, es war Lightollers (also Nr. 12).

Mrs. Imanita Shelleys eidesstattliche Erklärung (am. Untersuchung).

Mrs. Shelley und ihre Mutter, Mrs. L. D. Parrish, waren Passagiere der Zweiten Klasse. Mrs. Shelley war übel und sie erreichte das Deck nur unter größten Schwierigkeiten. Dort half man ihr in einen Sessel. Nach einiger Zeit rannte ein Matrose zu ihr und drängte sie, in das gerade zu Wasser gehende Rettungsboot zu steigen – es war eines der letzten auf dem Schiff. Mrs. Shelley schob ihre Mutter in Richtung des Matrosen und machte sich selbst auf den Weg zu dem Ladebaum, an dem das Boot hing. Zwischen dem hängenden Boot und dem Deck waren etwa ein bis anderthalb Meter Platz. Der Matrose packte Mrs. Parrish und warf sie sozusagen ins Boot. Mrs. Shelly sprang und landete sicher. Als das Boot zu Wasser gelassen wurde, waren ein Heizer und ein Schiffsbäcker unter der Mannschaft. Das Boot war prallvoll mit Frauen und Kindern, so viele wie möglich, ohne das Boot zu überfüllen. Dann gab es Probleme mit dem Seilzug und die Taue mussten durchtrennt werden.

In dem Moment, als sie das Wasser erreicht hatten, sprang ein verrückter Italiener vom Deck in das Rettungsboot, landete auf Mrs. Parrish und verletzte dabei ihre rechte Körperseite und ihr Bein.

Der Befehl lautete, in Sichtweite des ersten Bootes zu bleiben, das vorausgeschickt worden war, um nach Hilfe zu suchen. Während dieser gesamten Zeit, von der Kollision bis zum Abfieren der Boote, verhielt sich die Mannschaft des Schiffes vorbildlich. Nicht ein einziges Mitglied der Crew versuchte, in eines der Boote zu gelangen – außer, wenn es ihm befohlen wurde. Viele zogen Kleidungsstücke aus und wickelten sie um die Frauen und Kinder, die nur halb angezogen aus ihren Betten kamen. Mrs. Shelley sagt, dass keine Mannschaft der Welt es besser gemacht hätte.

J. Joughin, Chefbäcker (brit. Untersuchung)

Der Leitende Offizier Wilde rief den Stewards zu, die männlichen Passagiere zurückzuhalten, aber zu diesem Befehl gab es eigentlich keinen Anlass, da sie sich sowieso und von selbst im Hintergrund hielten. Der Befehl war brillant. Die Stewards, Heizer und Matrosen stellten sich in einer Reihe auf und geleiteten die Damen zum Boot, bis wir schließlich Schwierigkeiten hatten, überhaupt noch welche zu finden. Hinsichtlich der Klassen wurde keinerlei Unterschied gemacht. Ich sah eine ganze Reihe Damen der Dritten Klasse, die sich an ihren Taschen festhielten.

Das Boot wurde abgefiert und die Damen mit Gewalt hineingezogen. Das Boot hing ungefähr anderthalb Meter von der Schiffsseite entfernt. Da das Schiff eine leichte Schlagseite hatte, mussten wir sie hineinfallen lassen. Der Offizier befahl zwei Matrosen und einem Seemann hineinzuklettern.

BOOT NR. 12.

Keine männlichen Passagiere in diesem Boot.

Passagiere: Miss Phillips.

Von den Frauen verabschiedet und mit dem Schiff gesunken: Mr. Phillips.

Frauen und Kinder: 40.

Mannschaft: Matrosen Poigndestre (verantwortlich), F. Clench. Später wurden Lucas und zwei Heizer von Boot "D" übernommen.

Vom unteren Deck ins abfierende Boot gesprungen: 1 Franzose.

Gesamt: 43.

Dieses Boot übernahm erst vom Engelhardt "D" und später vom gekenterten Engelhardt "B" weitere Überlebende, so dass es die *Carpathia* mit 70 oder mehr Menschen erreichte.

Vorkommnisse

F. Clench, Vollmatrose (am. Untersuchung).

Der Zweite Offizier und ich standen auf dem Dollbord und halfen dabei, die Frau und Kinder zu verladen. Der Leitende Offizier schickte diese weiter zu uns und wir füllten drei Boote, zuerst die Nr. 12. In jedem waren etwa vierzig oder fünfzig Menschen. Nachdem das Boot Nr. 16 fertig war, ging ich zurück zur Nr. 12. "Wie viele Männer (Mannschaft) haben Sie auf dem Boot?", fragte der Leitende Offizier. Ich antwortete: "Nur einen, Sir." Er schaute auf und sagte: "Klettern Sie in das Boot"; damit hatten wir dann zwei Matrosen an Bord. Ein Vollmatrose hatte das Kommando über das Boot. (Poigndestre.) Wir hatten Anweisung, auf Nr. 14 zu achten und zusammenzubleiben.

In unserem Boot war nur ein männlicher Passagier, und das war ein Franzose, den wir nicht finden konnten. Als das Boot das Wasser berührte, versteckte er sich ohne unser Wissen unter der Ruderbank und unter den Frauen. Offizier Lowe ließ einige seiner Leute in unser Boot und andere umsteigen, so dass wir fast sechzig und damit knallvoll waren. Als Mr. Lowe weg war, hörte ich Rufen. Als ich mich umschaute, sah ich ein Boot, das aussah wie ein Schornstein, eigentlich wie die Spitze eines Schornsteins. (Das war das gekenterte Engelhardt-Boot "B"). Es waren ungefähr zwanzig Leute darauf, wovon wir etwa zehn übernahmen. Damit waren wir siebzig im Boot.

John Poigndestre, Vollmatrose (brit. Untersuchung).

Lightoller befahl uns, abzulegen und in der Nähe des Schiffes zu bleiben. Boot "D" und drei weitere Rettungsboote verzurrten sich mit Nr. 12. Waren etwa hundert Meter weg, als das Schiff sank. Nicht genug Seeleute, um Schwimmende aufzunehmen. Kein Licht. Ungefähr ein Dutzend Frauen wechseln von Nr. 14 auf Nr. 12. Kein Kompass.

BOOT NR. 14

Keine männlichen Passagiere an Bord

Passagiere: Mrs. Compton, Miss Compton, Mrs. Minahan, Miss Minahan, Mrs. Collyer, Miss Collyer.

Aus dem Meer gezogen: W. F. Hoyt (später gestorben), Steward J. Stewart, und ein zäher Japaner.

Frauen: 50.

Freiwilliger in Ermangelung von Mannschaft: C. Williams.

Crew: Fünfter Offizier Lowe, Matrose Scarrot, 2 Heizer, Stewards Crowe und Morris.

Blinder Passagier: 1 Italiener.

Von den Frauen verabschiedet und mit dem Schiff gesunken: Dr. Minahan, Mr. Compton, Mr. Collyer.

Gesamt: 60.

Vorkommnisse

H. G. Lowe, Fünfter Offizier (am. Untersuchung).

Die Nummern 12, 14 und 16 fierten etwa zur gleichen Zeit ab. Ich sagte Mr. Moody, dass drei Boote weg waren und ein Offizier mitfahren sollte. Er sagte: "Sie gehen." Es gab Schwierigkeiten beim Abfieren, als ich in die Nähe des Wassers kam. Ich ließ das Boot aus über vier Metern fallen, da ich nicht das Risiko eingehen wollte, dass uns ein anderes Boot über uns "erschlagen" würde. Während ich noch auf dem Bootsdeck war, versuchten zwei Männer ins Boot zu springen. Ich scheuchte sie hinaus.

Wir füllten die Boote 14 und 16 mit Frauen und Kindern. Moody belud Nr. 16 und ich füllte Nr. 14, Lightoller war zeitweise auch dabei. Die Passagiere bestanden ausschließlich aus Frauen und Kindern, mit Ausnahme eines Italieners, der sich als Frau verkleidet Zutritt ins Boot schlich. Er trug ein Tuch über seinem Kopf. Und da war noch ein anderer Passagier, ein Typ mit Namen C. Williams, den ich zum Rudern einspannte. Er gab mir seinen Namen und seine Adresse: "C. Williams, Weltmeister im Racket, 2 Drury Road, Harrow-on-the-Hill, Middlesex, England."

Als wir abgefiert wurden, erwartete ich jeden Augenblick, dass sich das Boot unter meinen Füßen verbiegen würde. Ich hatte es überladen, wusste aber, dass ich ein gewisses Risiko eingehen musste. Sollte ein weiterer Körper ins Boot fallen, so glaubte ich wenigstens, würde diese geringe Gewichtserhöhung ausreichen, um die Haken zu lösen, oder etwas auszubrechen; als wir uns so entlang der offenen Decks nach unten bewegten, sah ich eine Menge Latinos, die überall an der Reling standen. Ihre Augen funkelten wie die wilder Tiere und sie schienen bereit zu sein, jede Sekunde zu springen. Darum schrie ich "Aufpassen!" und ließ das Boot noch schneller ab, immer entlang der Seite des Schiffes. Ich glaube wir hatten knapp über einem Meter Luft zwischen dem Boot und dem Schiff, und als wir abfierten, feuerte ich diese Schüsse ab. Ich wollte niemanden verletzten und war mir sicher, dass ich dies auch nicht getan hatte. Ich glaube, ich habe drei Schüsse abgegeben.

Später, in etwa fünfzig Meter Entfernung, trieb ich fünf Boote zusammen. Ich war in Nr. 14, dann waren da die Nummern 10 und 12, das faltbare Boot "D" und ein weiteres (Nr. 4). Ich veranlasste, dass sie zusammen vertäut wurden. Dann wartete ich, bis das Schreien und Kreischen der Menschen abgeklungen war, und ich es für sicher hielt, zur Unglücksstelle zurückzufahren; ich übergab alle Passagiere meines Bootes, so circa 53, und verteilte sie auf die anderen vier Boote. Ich fragte nach Freiwilligen, die mit mir zum Wrack fahren würden, und da fand ich schließlich den Italiener. Er kam nach achtern und trug dieses Tuch über seinem Kopf; ich glaube auch, dass er einen Rock anhatte. Egal, ich zog das Tuch von seinem Kopf und sah, dass er ein Mann war. Er hatte es sehr eilig, in das andere Boot zu kommen; da schnappte ich ihn mir und schleuderte ihn hinein.

Senator Smith: Schleuderte ihn hinein?

Mr. Lowe: Ja, er war es nicht wert, besser behandelt zu werden.

Senator Smith: Sie schleuderten ihn hinein zu den Frauen?

Mr. Lowe: Nein, Sir, ins vordere Teil eines der Boote, in die ich meine Passagiere übergeben hatte.

Senator Smith: Haben Sie ihn mit Schimpfworten belegt, als sie dies taten?

Mr. Lowe: Nein, Sir, ich habe kein Wort zu ihm gesagt. Dann legte ich ab, ruderte zurück zum Wrack und konnte an der Unglücksstelle vier Leute lebend bergen. Ich weiß nicht, wer diese Leute waren. Sie haben hinterher nie mit mir gesprochen oder dies oder jenes gesagt. Aber einer von ihnen ist gestorben, Mr. W. F. Hoyt aus New York. Nachdem wir ihn ins Boot gezogen hatten, nahmen wir ihm den Kragen ab, damit er besser atmen konnte; unglücklicherweise ist er trotzdem gestorben. Es war einfach schon zu spät für ihn, als wir ihn rausholten. Dann verließ ich den Ort des Unglücks. Ich fuhr sozusagen drumherum und es mag sich blöd anhören, aber ich habe dort keine einzige weibliche Leiche gesehen. Ich hatte keine Lampe in meinem Boot. Dann sah ich die *Carpathia* kommen und ich dachte: "Nun, ich habe das schnellste Boot von dem Haufen. – ich segelte ja, wissen Sie. Ich machte bestimmt vier oder fünf Knoten im Wasser, das ging schön flott vorwärts.

Nach und nach erkannte ich eines der Faltboote, Engelhardt "D." Es sah ziemlich beschädigt aus, also dachte ich. "Gut, da werde ich hinfahren, Passagiere übernehmen und das Boot sichern." Es war Quartiermeister Brights Boot. Mrs. H. B. Harris aus New York war darin. Ihr Arm war gebrochen. Ich nahm das Faltboot ("D") ins Schlepptau und bemerkte, dass da noch ein weiteres Faltboot ("A") war, dazu noch in viel schlechterem Zustand als das hinter mir vertäute. Ich kam dort gerade noch rechtzeitig an und konnte vermutlich etwa zwanzig Männer und eine Frau an Bord nehmen. Drei männliche Leichen ließ ich darin. Dies mag ein bisschen hartherzig erscheinen, aber ich dachte: "Ich bin nicht hier, um mich um Leichen zu kümmern; ich bin hier, um Leben zu retten, und sollte mich nicht um Tote sorgen." Die Leute auf diesem Floß erzählten mir, dass sie bereits eine ganze Weile tot waren. Ich weiß nicht, ob sich jemand darum bemüht hat, die Identitäten der Überlebenden herauszufinden. Sie standen schon bis zu den Knöcheln im Wasser, als ich sie herüberholte.

Joseph Scarrot, Vollmatrose (brit. Untersuchung): Ich selbst habe Nr. 14 übernommen, da ich dort der einzige Seemann war. Der Leitende Offizier hatte befohlen, dass Frauen und Kinder verladen werden sollten. Einige Männer versuchten, das Boot zu stürmen. Es waren Ausländer, welche die Anweisungen, die ich ihnen gab, nicht verstanden; aber es gelang mir, sie wegzuhalten. Für einen von ihnen brauchte ich etwas mehr Überzeugungskraft; er sprang zweimal hinein und beim dritten Mal warf ich ihn dann hinaus. Alle Frauen und Kinder passten ins Boot. Wir hatten 54 Frauen und vier Kinder – eines davon ein Baby. Dazu ich, zwei Heizer, drei oder vier Stewards und Mr. Lowe, der auch ins Boot kletterte. Ich erzählte ihm von dem Ärger, den ich mit den Männern gehabt hatte und er zog seinen Revolver. Dann feuerte er zwei Schüsse ab und sagte: "Wenn es nochmal

Ärger gibt, werde ich auf sie schießen." Die bereits abgegebenen Schüsse zielten zwischen die Seite des Schiffes und dem Boot. Als sich der hintere Seilzug verhakte, ließen wir das Boot mittels des Ladungsgeschirrs fallen und sahen zu, dass wir vom Schiff wegkamen. Vier Männer ruderten. Ein Mann war im Boot, von dem wir annahmen, dass er ein Seemann war, was aber nicht stimmte. Er war Fensterputzer. Als die Titanic sank, waren wir etwa fünfzig Meter weg und lagen da zusammen mit den anderen Booten. Mr. Lowe war am Ruder. Als wir uns in Richtung der Schreie aufmachten, fanden wir hunderte Leichen und Rettungswesten. Ein Mann, den wir herauszogen, starb kurze Zeit darauf in unserem Boot. Einer der Stewards versuchte ihn wiederzubeleben, aber leider ohne Erfolg. Ein anderer Mann rief um Hilfe, aber inmitten der Leichen und Wrackteile schafften wir es nicht rechtzeitig, ihn zu erreichen. Wir benötigten eine halbe Stunde, um zu ihm zu gelangen. Ich weiß es nicht genau, aber ich glaube, wir haben um die zwanzig Menschen vom Engelhardt-Boot ("A") gerettet.

E. J. Buley, Vollmatrose (am. Untersuchung):

(Nach seinem Transfer von Nr. 10 zu Nr. 14). Dann, in Boot Nr. 14, zusammen mit Lowe, fuhren wir zurück zur Titanic und nahmen die noch lebenden Schiffbrüchigen auf. Vier haben wir gerettet, die anderen waren alle tot. Einige haben wir umgedreht, um zu sehen, ob sie noch lebten. Es schien so, als ob keiner von ihnen ertrunken war. Sie sahen aus, als ob sie erfroren waren. Die Rettungswesten hielten sie größtenteils über Wasser und ihre Gesichter lagen in demselben. Als wir gegen Morgen alle, die noch lebten, gerettet hatten, sahen wir ein Faltboot ("A"), das gekentert war und auf dem Menschen bis zu den Knien im Wasser standen. Wir fuhren zu ihnen hinüber. Dann fanden wir ein weiteres Boot ("D") und nahmen es in unser Schlepptau. Ich glaube wir legten als siebtes oder achtes Boot längsseits an die *Carpathia* an.

F. O. Evans, Vollmatrose (am. Untersuchung):

Also wechselten wir von Nr. 10 in sein (Lowes) Boot, Nr. 14, und machten uns mit acht oder neun Mann direkt auf zu den Wrackteilen. Dort nahmen wir vier Überlebende auf, von denen einer auf dem Weg zur *Carpathia* starb. Ein anderer, den wir herauszogen, war J. Stewart, einer der Stewards. Die Anzahl der Leichen zu zählen war schier unmöglich. Ich traute mich kaum, über den Rand hinauszusehen, aus Angst vor einem Nervenzusammenbruch. Außer den vier Menschen, die wir aufgenommen hatten, sahen wir keine anderen mehr im Wasser oder hörten deren Schreie. Der Offizier sagte: "Voraus ein Segel hissen." Das tat ich und segelte los in Richtung des gekenterten Faltbootes "A", das etwa anderthalb Meilen entfernt war. Da waren eine Frau und etwa zehn oder elf Männer drin. Dann fanden wir noch ein weiteres Faltboot ("D") und schleppten es zur *Carpathia.* Zu diesem Zeitpunkt waren rund 25 Menschen in unserem Boot Nr. 14, einschließlich des gestorbenen Mannes.

Eine der Damen ließ einen Flachmann mit Whisky unter den durchnässten Menschen rumgehen. Sie fragte, ob jemand etwas Alkoholisches benötigte, und diese Menschen war nicht nur durch und durch nass, sondern auch fast ums Leben gekommen. Nachdem wir die *Carpathia* gesichtet hatten, dauerte es gute zwanzig Minuten, um längsseits festzumachen. Wir sahen fünf oder sechs Eisberge – einige von ihnen riesig, so hoch wie die Titanic – und Treibeis. Nachdem wir auf der *Carpathia* angekommen waren, sahen wir, grob geschätzt, eine 25 Meilen lange Eisscholle, Sir, flach wie der Fußboden.

F. Crowe, Steward (am. Untersuchung): Ich half dabei, Frauen und Kinder in Boot Nr. 12 zu verladen, und wurde gefragt, ob ich ein Ruderblatt übernehmen könnte. Als ich "Ja" sagte, wurde mir von Mr. Murdoch – so glaube ich – befohlen, das Boot zu bemannen. Nachdem wir alle Frauen und Kinder eingeladen hatten, fierten wir das Boot ab. Ungefähr anderthalb Meter vor der Wasseroberfläche verhakte sich der Seilzug irgendwie und wir mussten die Taue durchtrennen, um das Boot ins Wasser zu bekommen. Dieser Offizier, Lowe, der mit uns im Boot war, befahl uns dies zu tun. Ich stand am Hebel – dem Hebel, der den Greifer von den Haken im Boot lösen sollte. Er befahl mir zu warten, aus dem Weg zu gehen und das Seil zu durchtrennen, um den Hebel zu bewegen; dadurch wurde der Greifer geöffnet und das Boot plumpste ins Wasser.

Als das Boot abgefiert wurde, hörte ich Schüsse. Da waren einige männliche Passagiere, vielleicht Italiener oder andere Nationalitäten, auf jeden Fall keine Amerikaner oder Engländer, die versuchten, die Boote zu "stürmen." Die Offiziere drohten, jeden zu erschießen, der versuchte seinen Fuß in ein Boot zu setzen. Ein Offizier feuerte einen Revolver ab, einmal nach unten, dann nach oben und nicht zielgerichtete auf irgendwelche Passagiere. Niemand wurde verletzt. Damit wurde der Aufruhr gestoppt und danach war auch keine Unruhe mehr. Eine Frau weinte, das war aber schon alles. Im Boot gab es keine Panik oder sonst was.

Nachdem wir im Wasser waren, machten wir, dass wir zu den anderen Booten kamen. In Nr. 14 waren 57 Frauen und Kinder und etwa sechs Männer, darunter ein Offizier. Vielleicht waren es auch sieben mit mir, ich bin nicht ganz sicher. Bei den Frauen und Kindern bin ich mir sicher, da mich der Offizier in einiger Entfernung vom Schiff gefragt hat, wie viele im Boot waren.

Als das Boot ausklinkte und fiel, muss es irgendwo leckgeschlagen sein. Eine Dame meinte, dass etwas Wasser über ihr Fußgelenk nach oben stieg. Zwei Männer und diese Dame halfen dabei, es hinauszuschöpfen mit Kellen, die speziell zu diesem Zweck im Boot waren. Wir übergaben unsere Passagiere an andere Boote, um zum Wrack zurückzukehren und nachzusehen, ob wir dort noch andere Überlebende aufnehmen konnten. Als wir dort ankamen, hörten wir verschiedene Rufe und versuchten, dorthin zu gelangen. Das schafften wir auch und zogen einen Körper heraus, der im Wasser trieb. Es war ein Mann, der kurz darauf sein Leben aushauchte. Weiter drinnen im Treibgut fanden wir einen Steward (J. Stewart) und holten ihn ins Boot. Er war sehr kalt und seine Hände ziemlich steif. Als wir auf die *Carpathia* trafen, hatte er sich einigermaßen erholt.

Ein junger Japaner oder Chinese, den wir von einem herumtreibenden Wrackteil retteten, das vielleicht mal eine Anrichte oder ein Tisch gewesen war, überlebte ebenfalls. Wir hielten uns dort (inmitten der Wrackteile) bis Tagesanbruch auf und sahen in einiger Entfernung ein Engelhardt-Faltboot ("A") mit ein paar Männern an Bord. Als wir dort ankamen, fand wir zwanzig Mann und eine Frau; ebenso drei Leichen, die wir dort beließen. Als wir unter Segel umdrehten, nahmen wir ein weiteres Faltboot (Boot "D") in Schlepptau. Darin befanden sich sechzig Passagiere, Frauen und Kinder.

Den Eisberg, der das Schiff getroffen hatte, habe ich nicht gesehen. Als es hell wurde und wir etwas erkennen konnten, waren da zwei oder drei Eisberge um uns herum. Ein Mann zeigte auf einen davon und meinte, das sei er gewesen, ein anderer Mann zeigte auf einen anderen Berg. Ehrlich, ich glaube nicht, dass irgendjemand genau wusste, welcher davon uns getroffen hatte.

Mrs. Charlotte Collyer, Passagier der Dritten Klasse, im Semi-Monthly Magazine vom Mai 1912:

Etwas weiter weg sahen wir eine schwimmende Tür, die es wohl abgerissen hat, als das Schiff unterging. Darauf lag, mit dem Gesicht nach unten, ein kleiner Japaner. Er hatte sich mit einem Seil an dieses brüchige Floß gebunden und dabei die zerbrochenen Scharniere dazu benutzt, die Knoten zu binden. Soweit wir sehen konnten, war er tot. Jedes Mal, wenn die Tür auf dem Wasser schaukelte, schwappte das Wasser über ihn hinweg und er war fast schon steifgefroren. Als man ihn ansprach, bekamen wir keine Antwort und der Offizier zögerte, ihn zu retten.

"Das ist nutzlos", sagte Mr. Lowe. "Er ist schon tot, vermutlich, und wenn er es nicht ist, gibt es andere, die es mehr verdient haben gerettet zu werden als ein Japse!"

Er hatte das Boot schon gewendet, änderte dann aber seine Meinung und fuhr zurück. Der Japaner wurde an Bord gezogen und eine der Frauen massierte seine Brust, während andere seine Hände und Füße rieben. Es dauerte nur wenige Augenblicke, bis er die Augen öffnete. Er redete mit uns in seiner eigenen Sprache; dann, als er sah, dass wir ihn nicht verstanden, kämpfte er sich auf die Beine, streckte seine Arme über den Kopf, stampfte mit den

Füßen und hatte sich fünf Minuten schon fast ganz erholt. Einer der Matrosen in der Nähe war so müde, dass er kaum das Ruderblatt bewegen konnte. Der Japaner sprang rüber, schob ihn vom Sitz, nahm das Blatt und arbeitete wie ein Besessenere, bis wir schließlich aufgesammelt wurden. Ich sah, wie Mr. Lowe ihn staunend und mit offenem Mund angaffte.

"Bei Gott!", murmelte der Offizier. "Ich schäme mich für das, was ich über diesen kleinen Kerl gesagt habe. Ich würde noch sechs von seiner Sorte retten, wenn ich die Chance dazu bekäme."

Miss Minahan's eidesstattliche Aussage (am. Untersuchung):

Die Schreie, die wir nach dem Untergang der Titanic hörten, waren grausam. Einige der Frauen bedrängten Offizier Lowe von der Nr. 10, seine Passagiere auf die anderen drei Boote aufzuteilen, zurückzufahren und andere zu retten. Seine erste Antwort auf dieses Ersuchen war: "Sie sollten froh sein, dass Sie hier sind und ihr Leben behalten haben." Nach einiger Zeit wurde er doch dazu überredet, das zu tun, was gefordert war. Als ich an der Reihe war, auf das andere Boot hinüberzuwechseln, sagte er: "Springen Sie, Gottverd......t, springen Sie." Dabei hatte ich nicht gezögert und einfach nur gewartet, bis ich an der Reihe war. Während der Stunden, die wir in seinem Boot verbracht hatten, war er so gotteslästerlich gewesen, dass die Frauen bei mir in der Nähe alle dachten, er stünde unter Alkoholeinfluss. (Andere Zeugenaussagen belegen, dass Offizier Lowe Antialkoholiker ist). Dann nahm er alle Männer, die Nr. 14 gerudert hatten, dazu weitere Männer aus anderen Booten, und fuhr zurück zur Unglücksstelle. Wir hatten noch einen Steward und einen Heizer, die unser ziemlich überfülltes Boot ruderten. Der Steward tat, was er konnte, nur der Heizer verweigerte zu Beginn seine Hilfe; schließlich half er aber den beiden Männern, die als einziger auf dieser Seite ruderten. Es war gerade mal vier Uhr, als wir die *Carpathia* sichteten, und wir brauchten drei Stunden, um dorthin zu gelangen. Auf dem Schiff wurden wir mit allergrößter Freundlichkeit behandelt und erhielten jede nur erdenkliche Annehmlichkeit.

Diese aufgezeichnete, eidesstattliche Erklärung zeigt Offizier Lowe in einem schlechten und bedauernswerten Licht. Es besteht kein Zweifel, dass er ausschließlich mit seinen Worten unmäßig war. In jeder anderen Hinsicht verhielt er sich wie ein erstklassiger Offizier, was seine Taten eindeutig belegen. Aber ich bin froh, dass ich den Bericht einer weiteren Frau besitze, die in seinem Boot saß. Sie zollt ihm die Anerkennung, die er verdient. Ich habe Offizier Lowe in Washington getroffen, als wir beide vor den amerikanischen Untersuchungsausschuss zitiert wurden, und ich bin sicher, dass der einzige Vorwurf gegen ihn war, dass er seine hervorragende Arbeit mit losen Worten konterkarierte.

Auf der *Carpathia* hatte ich das Vergnügen Miss Compton zu treffen, die ihren Bruder verloren hatte. Sie leidet heute noch an Verletzungen, die sie sich bei dem Unglück zugezogen hat, und war dennoch so freundlich, mir einen Bericht ihrer Erlebnisse zu schicken, aus dem ich wie folgt zitiere:

Als sie auf der Reling stand, um in Boot Nr. 14 zu steigen, war es unmöglich zu sehen, ob sie ins Boot oder ins Wasser treten würde. Sie wurde mit solcher Gewalt ins Boot geschoben, dass sie auf ihren Händen und Knien landete – Gott sei Dank auf einer Seilrolle. Dies schien so gut wie allen Damen passiert zu sein. Alle Passagiere bestiegen das Rettungsboot an derselben Stelle und wurden gebeten, Platz zu machen für die, die noch folgten. Das war nicht so einfach, da die Ruderbänke so hoch waren, dass die Damen mit ihren klobigen Schwimmwesten nicht ohne Weiteres darüber klettern konnten. Manchen warfen sich mehr drüber, als das sie kletterten oder stiegen.

Von ihrem Platz im Heck des Rettungsbootes aus hörte Miss Compton die Unterhaltung zwischen Offizier Lowe und einem weiteren Offizier, die der Erstgenannte in seiner Aussage bereits anführte.

Kurz bevor das Boot abgefiert wurde, sprang ein Mann hinein. Er wurde sofort wieder hinausgeworfen. Mr. Lowe zog seinen Revolver und sagte: "Wenn das nochmal jemand versucht, wird er das hier bekommen." Damit feuerte er in die Luft.

Sie berichtet auch von den gleichen Schwierigkeiten, die wir schon aus anderen Aufzeichnungen kennen; die Probleme beim Abfieren des Bootes, erst war das Heck zu hoch, dann der Bug; und wie die Taue gekappt wurden und das Boot hart aufs Wasser knallte. Zu dieser Zeit zählte man 58 im Boot, später waren es 60. Ein Kind in ihrer Nähe meldete sich nie beim Durchzählen.

"Mr. Lowes männliche Haltung", sagt sie, "schenkte uns allen Vertrauen. Wenn ich heute zurückblicke, scheint er für mich die Personifizierung der besten Traditionen britischer Seeleute gewesen zu sein. Er bat uns alle, nach einer Laterne zu suchen, aber wir konnten keine finden. Allerdings hatte Mr. Lowe eine Art elektrische Lampe bei sich, die er von Zeit zu Zeit betätigte. Fast augenblicklich danach begann das Boot zu lecken und nur wenige Momente später standen die Frauen im vorderen Teil des Bootes im Wasser. Es gab nichts, mit dem wir das Leck stopfen konnten, und ich glaube, dass die Männer dazu ihre Hüte benutzt haben.

Offizier Lowe bestand darauf, dass der Mast gesetzt wurde. Er kroch nach vorne und kurze Zeit später war der Mast bereit und hochgezogen. Er meinte, dass nach Tagesanbruch der Wind einsetzen würde und dies deswegen notwendig sei. Dann ging er zu seinem Platz zurück und fragte die Stewards und Heizer, die als Mannschaft fungierten, ob sie Streichhölzer bei sich hätten;

er bestand darauf, dass sie diese zu ihm weiterreichten. Dann fragte er, ob sie auch Tabak bei sich hätten, und sagte: "Lasst ihn in euren Taschen, Tabak macht euch nur durstig." Mr. Lowe wollte, dass wir in der Nähe des Schiffes blieben und so die Möglichkeit hätten, anderen zu helfen, nachdem es gesunken war. Einige der Frauen protestierten und er erwiderte: "Ich möchte ungern hier weg, aber wenn Sie es so sehen, werden wir ein bisschen weiter wegfahren."

Miss Comptons Aussage stimmt mit anderen Informationen, die wir zu Boot Nr. 14 haben und über die wir anderswo berichten, überein. Sie war unter denjenigen Passagieren, die auf Engelhardt-Boot "D" transferiert wurden. "Ich fand mich nun", sagte sie, "im Heck eines Faltbootes wieder. Trotz Mr. Lowes Warnung begannen die vier kleinen Boote sich zu trennen und jedes suchte seinen eigenen Weg. Bald sah es so aus, als ob unser Boot das einzige auf See war. Wir fuhren durch eine große Menge Wrackteile. Die Männer, die eigentlich rudern sollten, einer davon war ein Heizer, hielten es nicht für nötig, davon wegzubleiben. Die ganze Zeit über starrten sie auf den Horizont. Mit dem Tageslicht sahen wir die *Carpathia* und nur kurze Zeit später auch Offizier Lowe, der auf uns zu segelte; wir er richtig vorausgesagt hatte, war eine frische Brise aufgezogen. Wir fingen das Seil, das er uns aus dem Heck seines Bootes zuwarf und wurden nun zur *Carpathia* abgeschleppt."

BOOT NR. 16.

Keine männlichen Passagiere.

Passagiere: Fünfzig Frauen und Kinder — Zweite und Dritte Klasse.

Mannschaft: Bootsmann Bailey verantwortlich. Matrose Archer, Steward Andrews, Stewardess Leather, und zwei weitere.

Gesamt: 56.

Vorkommnisse

E. Archer, Vollmatrose. (am. Untersuchung): Ich half dabei, die Nummern 12, 14 und 16 rauszubekommen – die Flaschenzüge und alles andere fertigzumachen und Passagiere in Nr. 14 zu verladen. Dann ging ich zu Nr. 16. Ich sah, dass der Spund bereits festsaß. Kein Mann versuchte hineinzugelangen, nur mein Kamerad. Ich hörte, wie der Offizier den Befehl gab, das Boot abzufieren; drin saßen fünfzig Passagiere, dazu mein Kamerad und ich selbst. Der Bootsmann folgte uns; er war der Steuermann und übernahm das Kommando. Als wir das Boot beluden, gab es keine Anstalten von Seiten anderer, das Boot zu besetzen; keinerlei Durcheinander. Niemand musste davon abgehalten werden einzusteigen, alles war ruhig und im Fluss. Eine der weiblichen Passagiere schlug vor zurückzufahren, um zu sehen, ob wir noch Menschen aus dem Wasser ziehen konnten; danach habe ich aber nie wieder etwas davon gehört. Eine Dame war im Boot, eine Stewardess (Mrs. Leather), die versuchte beim Rudern zu helfen. Ich sagte ihr, dass dies nicht notwendig sei, sie meinte aber, dass sie es gerne tun würde um warmzubleiben. Nachdem wir abgelegt hatten, fanden wir einen Heizer im Boot. Ich weiß nicht, wie er dorthin gelangt ist. Er wurde an ein anderes Boot übergeben (Nr. 6), um dort zu rudern.

C. E. Andrews, Steward (am. Untersuchung): Neben den sechs Männern waren etwa fünfzig Passagiere im Boot, würde ich meinen.

Von Seiten der Männer aus dem Zwischendeck hatte es keinen Versuch gegeben, in unser Boot zu gelangen. Als der Offizier damit begonnen hatte, das Boot mit Passagiere und Mannschaft zu besetzen, versuchte keine einzelnen Personen dort hineinzukommen; geschweige denn wurde es welchen erlaubt. Es gab keinerlei Durcheinander. Der Offizier fragte mich, ob ich ein Ruderblatt bedienen konnte. Das bejahte ich.

BOOT NR. 2.

Nur ein alter Mann aus der Dritten Klasse, ein Ausländer.

Passagiere: Miss Allen (jetzt Mrs. J. Mennell), Mrs. Appleton, Mrs. Cornell, Mrs. Douglas nebst Zofe (Miss Le Roy), Miss Madill, Mrs. Robert nebst Zofe (Amelia Kenchen). Ein alter Mann aus der Dritten Klasse, ein Ausländer, nebst Familie: Brahim Youssef, Hanne Youssef, mit Kindern Marian und Georges. Der Rest Zweite und Dritte Klasse.

Von den Frauen verabschiedet und mit dem Schiff gesunken: Mr. Douglas.

Mannschaft: Vierter Offizier Boxhall, Matrose Osman, Steward Johnston, ein Koch.

Gesamt: 25.

Vorkommnisse.

J. G. Boxhall, Vierter Offizier (am. und brit. Untersuchung):

Ich wurde mit Boot Nr. 2 weggeschickt, dem vorletzten auf der Backbordseite. Ein weiteres Rettungsboot (Nr. 4) wurde wenige Minuten, nachdem ich das Schiff verlassen hatte, abgefiert. Das war das nächste Rettungsboot nach achtern. Engelhardt-Boot "D" wurde gerade fertiggemacht.

Da war kein Zeichen von Unruhe unter den Menschen, die in diese Boote klettern wollten. In meinem Boot waren vier Männer – ein Matrose (Osman), ein Steward (Johnston), ein Koch, ich selbst und ein weiterer Passagier, der aber kein Englisch sprach – ein Mann mittleren Alters mit schwarzem Bart. Er hatte seine Frau und ein paar Kinder dabei. Als der Befehl gegeben wurde, das Boot, das ziemlich voll zu sein schien, abzufieren, dauerte es noch zwanzig bis dreißig Minuten, bis das Schiff sank. Jemand rief durch ein Megafon: "Einige Boote sollen zurückkommen und zur Steuerbordseite fahren." Alle ruderten, nur dieser männliche Passagier nicht. Ich bediente ein Ruderblatt und eine der Damen half mir dabei. Sie bat mich sogar darum. Ich fuhr um das Schiff herum zur Steuerbordseite und wollte längsseits kommen. Ich schätzte, dass ich noch mindestens drei Leute vom Schiff übernehmen konnte, ohne die Sicherheit des Bootes zu gefährden; als wir um die zwanzig Meter vom Schiff entfernt waren, bemerkte ich eine leichte Sogwirkung, durch die das Boot näher herangezogen wurde. Ich entschied, dass es zu gefährlich war, sich der Titanic weiter zu nähern. Nachdem wir die Unglücksstelle verlassen hatten, zeigte ich die meiste Zeit grüne Lichter. Als wir etwa zwei oder drei Schiffslängen von der *Carpathia* entfernt waren, brach gerade der Tag an und ihre Motoren hatten gestoppt. Sie lag vielleicht eine halbe oder Viertelmeile vor einem Eisberg. Da waren auch mehrere andere Berge und überall um uns herum Treibeis, soweit das Auge reichte. In der Sonne glänzten die Eisberge weiß, obwohl sie beim ersten Tageslicht noch schwarz waren. Es war das erste Mal, dass ich Treibeis in den Grand Banks gesehen habe. Ich schätze, wir hatten etwa 25 Menschen in meinem Boot. Auf der *Carpathia* haben sie mir später gesagt, dass wir um rund zehn Minuten nach vier Uhr längsseits kamen.

F. Osman, Vollmatrose (am. Untersuchung):

Wir alle rannten hoch und machten die Boote fertig. Danach beluden wir alle, die da waren. Ich ging mit Nr. 2 von Bord, das viertletzte Boot, das das Schiff verlassen hat; Boxhall hatte das Kommando. Murdoch überwachte das Beladen. Alle Passagiere waren Frauen und Kinder, mit Ausnahme von einem Mann, einem Passagier der Dritten Klasse, der mit seiner Frau und Kindern an Bord kam. Nachdem ich bereits im Boot war, fand der Offizier ein paar Raketen, die er irrtümlich für eine Kiste Kekse hielt und zu uns ins Boot packte. Der Offizier feuerte ein paar davon ab und die *Carpathia* erreichte uns zuerst; sie nahm uns eine halbe Stunde vor allen anderen an Bord. Erst gegen Morgen sahen wir einen Eisberg, der etwa 30 Meter aus dem Wasser ragte und auf der einen Seite eine Art Delle hatte. Er schien schwarz zu sein, wie dreckiges Eis, etwa 90 Meter entfernt. Ich wusste genau, dass es der Berg war, der uns erwischt hatte. Es schien fast, als sei auf einer Seite ein Stück abgebrochen.

Es war keinerlei Panik zu verspüren. Auch keine Sogwirkung. Als wir im Boot waren, drückte ich uns vom Schiff weg und sagte zu dem Offizier: "Schauen wir zu, dass wir längsseits kommen und noch ein paar helfende Hände ins Boot quetschen können!" Als ich das gesagt hatte, begannen die Frauen nervös zu werden; der Offizier meinte: "In Ordnung." Die Frauen waren überhaupt nicht seiner Meinung. Wir fuhren ums Schiff herum zur Steuerbordseite, konnten dort aber nichts tun, da das Schiff zu sehr krängte. Dann orientierten wir uns Richtung Heck, legten dort unsere Ruderblätter an und beobachteten, wie das Schiff unterging. Es schien mir, als ob die gesamten Maschinen und alles andere, was im Schiff war, nach unten in den vorderen Teil rutschte. Wir fuhren nicht zurück zu der Stelle, wo das Schiff gesunken war, da die Frauen alle sehr nervös waren; stattdessen ruderten wir so weit weg wie möglich, damit die Frauen nicht mehr sahen und keine Panik auslösten. Wir waren dem Schiff so nahegekommen, wie es noch möglich war. Es wäre auch nicht möglich gewesen, noch mehr Leute ins Boot zu nehmen. Das war undenkbar. Vielleicht noch einen, das wars aber. Als wir die Boote beluden, gab es bei den Passagieren aus dem Zwischendeck keine Panik. Ich sah, wie einige Leute aus dem Zwischendeck direkt hoch aufs Bootsdeck kamen und die Männer zurücktraten, während die Frauen und Kinder in die Boote stiegen – Passagiere aus dem Zwischendeck und andere.

Senator Burton: Also war es Ihrer Meinung nach sicherer, in ein Boot zu steigen, als auf der Titanic zu verbleiben?

Zeuge: Oh, ja, Sir.

Senator Burton: Das war, als Sie das Schiff verließen?

Zeuge: Ja, Sir.

Senator Burton: Was dachten Sie, als das erste Boot zu Wasser gelassen wurde?

Zeuge: Da habe ich noch nicht geglaubt, dass sie sinken würde.

J. Johnston, Steward (brit. Untersuchung):

Mannschaft: Boxhall und vier andere Männer, darunter vielleicht auch McCullough. (Kein solcher Name auf der Liste.) Boxhall sagte: "Sollen wir zurückfahren in Richtung dieser Angstschreie? (die etwa eine halbe oder Dreiviertelmeile entfernt waren). Die Damen sagten: "Nein!" Offizier Boxhall signalisierte der *Carpathia* mit seiner Lampe. Kurz danach konnten wir das Klatschen des Wassers an den Eisbergen hören. Am Morgen lag die *Carpathia* am Rand eines Eisfeldes, das etwa 200 Meter entfernt war.

Mrs. Walter D. Douglas' eidesstattliche Erklärung (am. Untersuchung):

Mr. Boxhall hatte Probleme damit, das Boot loszumachen und rief nach einem Messer. Schließlich konnten wir zu Wasser gelassen werden. Mrs. Appleton und ein Mann aus dem Zwischendeck schauten mich an. Mrs.

Appletons Schwester, Mrs. Cornell, war hinter mir und an ihrer Seite der Offizier. Ich glaube, wir waren achtzehn oder zwanzig im Boot. Viele sprachen kein Englisch. Das Rudern entpuppte sich als sehr schwer, da keiner Ahnung davon hatte. Wir versuchten, nach den Befehlen von Mr. Boxhall zu steuern, während er eine alte Laterne, in der nur sehr wenig Öl war, an eine Stange band, die ich eine Zeit lang hochhielt. Mrs. Appleton und einige andere Frauen waren am Rudern und taten dies auch die restliche Zeit über. Mr. Boxhall hatte eine Blechkiste ins Boot gebracht, in der sich grüne Leuchtfeuer oder Raketen befanden. Immer wieder zündete er eine davon und schon bald sahen wir die Lichter der *Carpathia*, deren Kapitän hinterher sagte, dass er die grünen Lichter aus zehn Meilen Entfernung gesehen hatte und direkt darauf zu steuerte. Damit waren wir das erste Boot, das bei der *Carpathia* ankam. Als wir längsseits kamen, rief Mr. Boxhall aus: "Drosseln Sie die Maschinen und nehmen Sie uns an Bord. Ich habe nur einen Matrosen."

Mrs. J. B. Mennell (geborene Allen):

Meine Tante, Mrs. Roberts' Zofe, kam zur Tür und fragte, ob sie mich sprechen könnte. Ich ging in den Flur und sie sagte: "Miss Allen, der Gepäckraum steht voller Wasser." Ich antwortete, dass sie sich keine Sorgen machen solle, denn die wasserdichten Abteilungen würden geschlossen werden und sie könnte beruhigt in ihre Kabine gehen. Sie ging zurück, kam aber augenblicklich wieder und berichtete, dass ihre Kabine, vorne auf dem E-Deck, überflutet war.

Wir waren nur einige Minuten auf dem Bootsdeck, bevor man uns in ein Rettungsboot beorderte. Weder meine Tante, Mrs. Roberts, meine Kusine, Miss Madill, noch ich selbst haben jemals die Band gehört oder gesehen. Als wir dastanden, passierte uns eine ganze Reihe Männer, die in ein Boot stiegen – vielleicht sechzehn oder achtzehn Heizer. Ein Offizier, der vorbeikam, schrie sie an:" Raus mit euch, ihr verdammten Feiglinge; ich würde euch gerne höchstpersönlich über Bord werfen." Sie stiegen aus und der Offizier sagte: "Frauen und Kinder in dieses Boot." Also stiegen wir ein und wurden abgefiert.

Mit Ausnahme von ein oder zwei herzzerreißenden Abschiedsszenen, verlief alles andere perfekt geordnet und ruhig in dieser Nacht auf der Titanic. Da unser Boot ziemlich klein war und Boxhall Angst hatte, dass wir in den Sog geraten würden, wurden wird um das Heck herum zur Steuerbordseite und weg vom Schiff gerudert. Mrs. Cornell half die ganze Zeit beim Rudern.

Als die Titanic tiefer und tiefer versank, sahen wir ihr Heck, das höher und höher stieg, bis schließlich die Lichter nach und nach ausgingen. Als am Heck dann die letzten hellen Punkte verlöschten, nahm die Geschwindigkeit des Sinkens deutlich zu. Sie sank über Bug und war intakt. Dann begannen die

Schreie, die scheinbar ewig nachhallten. Wir ruderten zurück, dorthin, wo die Titanic nun unter Wasser lag, an den Platz, wo sie gesunken war; aber da war niemand im Wasser und wir sahen auch keine anderen Rettungsboote in der Nähe. Als Boxhall sein erstes Leuchtfeuer zündete, wurden die Schreie lauter und verstummten dann vollständig.

Wir konnten hören, wie das Wasser auf Eisberge klatschte, sahen aber keine dieser Monster; noch nicht mal, als Boxhall regelmäßig seine Leuchtfeuer abfeuerte. Dann sichteten wir die *Carpathia.* Unser Boot war das erste, das von ihr aufgenommen wurde. Ich war zufälligerweise die Erste auf der Leiter, die anderen schienen Angst davor zu haben nach oben zu klettern. Als mich oben einer der Offiziere empfing und fragte, wo die Titanic war, sagte ich ihm, dass sie untergegangen war.

Kapitän A. H. Rostron von der Carpathia (am. Untersuchung):

Wir nahmen das erste Boot auf, das von einem Offizier kommandiert wurde, der es nicht vollständig unter Kontrolle hatte. Er rief herüber, dass er nur einen Matrosen an Bord hatte; also musste ich das Schiff so nah wie möglich an das Boot heranmanövrieren – mir war klar, wie schwer das Rudern sein musste. Zu der Zeit, als wir die ersten Überlebenden an Bord nahmen, brach der Tag an, und ich konnte auch die verbleibenden Boote in einem Umkreis von vier Meilen sehen. Überall waren Eisberge. Ungefähr zwanzig Berge waren bestimmt zwischen vierzig und sechzig Meter hoch, dazu gab es zahlreiche kleinere. Ich sah auch welche, die wir als "Eishümpel" bezeichnen, also etwa drei bis vier Meter hoch und drei bis fünf Meter breit.

BOOT NR. 4.

Keine männlichen Passagiere in diesem Boot

Passagiere: Mrs. Astor und Zofe (Miss Bidois), Miss Bowen, Mrs. Carter und Zofe (Miss Serepeca), Mrs. Clark, Mrs. Cummings, Miss Eustis, Mrs. Ryerson und Kinder, Miss S. R., Miss E. und Master J. B. mit Zofe (Chandowson), Mrs. Stephenson, Mrs. Thayer und Zofe, Mrs. Widener und Zofe.

Frauen und Kinder: 36. (brit. Untersuchung)

Mannschaft: Perkis, Quartiermeister, verantwortlich. Matrosen: McCarthy, Hemmings, Lyons; Lagerverwalter Foley and sein Assistent Prentice; Heizer: Smith und Dillon; Schmierer: Granger und Scott; Stewards: Cunningham, Siebert.

Von den Frauen verabschiedet und mit dem Schiff gesunken: Messrs. Astor, Clark, Cummings, Ryerson, Thayer, Widener und dessen Sohn Harry.

Blinder Passagier: ein Franzose.
Gesamt: 40. (brit. Untersuchung.)

Vorkommnisse

C. H. Lightoller, Zweiter Offizier (am. Untersuchung):
Bevor Engelhardt Boot "D" zu Wassergelassen wurde, sagt Lightoller bezüglich Boot Nr. 4: " Einige Zeit vorher hatten wir ein Boot vom A-Deck, das ein Deck unter uns war, abgefiert. Dabei ist mir ein Fehler unterlaufen; es war das erste Boot, das ich jemals abgefiert hatte. Ich wollte die Passagiere vom A-Deck aus einladen. Als ich das Boot abfierte, sah ich, dass die Fenster noch geschlossen waren; also sandte ich jemanden runter, der sie öffnen sollte und beschäftigte mich so lange mit den anderen Booten. Als ich wieder zurückkam, belud ich das Boot auf dem A-Deck, indem ich die Frauen aus den Fenstern steigen ließ. Die Idee, das Boot dort zu beladen, hatte mit dem Kabeltau zu tun, das zum Bekohlen des Schiffes auf der Außenseite entlanglief. Indem ich das Rettungsboot dort einhakte, konnte mir niemand zwischen dem Schiff und dem Boot hindurchfallen. Nr. 4 war das fünfte oder sechste Boot, das auf der Backbordseite abgefiert wurde. "
W. J. Perkis, Quartiermeister (am. Untersuchung):
Ich ließ Nr. 4 zu Wasser, verließ dann das Boot ging nach achtern; als ich zurückkam, rief mir einer der Männer, die sich im Boot befanden, ein Matrose, zu: "Wir brauchen noch einen Mann hier unten." Daraufhin rutschte ich die Rettungsleine hinunter, die vom Ladebaum direkt ins Boot führte. Nachdem ich angekommen war, übernahm ich das Kommando. Neben mir waren noch zwei weitere Seemänner im Boot. Insgesamt waren wir 42. Als wir später etwa eine Schiffslänge von der Titanic entfernt waren, nahmen wir acht weitere Menschen auf, die mit ihren Rettungswesten im Wasser schwammen. Nr. 4 war das letzte große Boot, das von der Backbordseite das Schiff verließ. Zwei von denen, die wir aus dem Wasser gezogen hatten, starben im Boot – ein Matrose (Lyons) und ein Steward (Siebert). Alle anderen waren Passagiere. Nachdem wir die Männer aufgenommen hatten, hörte ich keine weiteren Schreie mehr. Die Disziplin an Bord des Schiffes war exzellent. Jeder Mann kannte seine Station und besetzte diese. Weder unter den Offizieren, noch der Mannschaft, den Stewards oder den Heizern gab es irgendeine Art von Nervosität oder Aufregung. Sie verhielten sich exakt so, wie sie es bei einem kleineren, alltäglichen Zwischenfall getan hätten.
Senator Perkins (zu Perkis, Symon und Hogg:) Sie alle scheinen ziemlich fähige, junge Männer zu sein und haben sicher eine Menge Erfahrung auf See, und doch waren sie noch nie in einen Schiffsuntergang verwickelt?

Mr. Perkis: Ja, Sir.

Senator Perkins: Sonst in eine Art Schiffsunglück?

Mr. Hogg: Ich war bei einem Zusammenstoß dabei, Senator, aber da sind keine Menschen ums Leben gekommen.

Senator Perkins: Wenn Sie nicht noch mehr zu bemerken haben, das etwas Licht auf diese Sache werfen könnte, wars das, und wir danken Ihnen für Ihre Aussagen.

Mr. Hogg: Das ist alles, was ich zu sagen habe, mit Ausnahme von: Ich glaube, dass man den Frauen eine Goldmedaille an die Brust heften sollte. Gott segne sie. Nach dem, was ich gesehen habe, werde ich in Zukunft vor jeder Frau meinen Hut ziehen.

Senator Perkins: Welche Nationalität hatten sie?

Mr. Hogg: Die, an die ich jetzt gerade dachte, waren Amerikanerinnen. Sie waren alle Amerikanerinnen.

Senator Perkins: Haben Sie die Ruder bemannt? Die Blätter genommen und gerudert?

Mr. Hogg: Ja, Sir, ich selbst habe die ganze Zeit über gerudert und auch gesteuert. Dann habe ich eine Dame ans Steuer gesetzt; dann hat mir eine andere Dame beim Rudern geholfen. Sie ruderte, um sich warmzuhalten.

Senator Perkins: Einer von Ihnen hat hier ausgesagt, dass sein Boot acht Menschen aus dem Wasser gezogen hatte, und ein anderer, dass er überhaupt keine an Bord genommen hat. Hätten Sie nicht auch genauso Menschen retten können?

Mr. Hogg: Ich wollte dabei helfen, Menschen aus dem Wasser zu ziehen, aber ich hatte Befehl von jemand in einem anderen Boot (Nr. 7) – ich weiß nicht mehr, wer es war – keine weiteren Menschen mehr hineinzunehmen; dass wir unser Bestes getan hatten.

Senator Perkins: Ich habe diese Frage nur gestellt wegen der Überlegung, dass, wenn ein Boot acht Menschen aufgenommen hatte, dies für die anderen genauso gut möglich gewesen wäre. – Sie haben keinen Befehl erhalten, Mr. Symon (Boot Nr. 1), keine Menschen mehr rauszuholen?

Mr. Symon: Nein, Sir, dort wo ich war, waren auch keine mehr, die man hätte retten können.

Senator Perkins: So, wie ich das verstehe, hatte eines der Boote mehr an Bord als das andere. So, wie ich das verstehe, hat sich Mr. Symon vom Schiff entfernt und als er schließlich dorthin zurückkam, hat er alle Leute aufgenommen, die er noch finden konnte?

Mr. Symon gab keine Antwort.

S. S. Hemming, Vollmatrose. (am. Untersuchung):

Auf der Steuerbordseite war alles schwarz. Ich konnte keine Boote erkennen. Dann ging ich rüber zur Backbordseite und sah ein Boot backbord achteraus. Ich lief das Schiff entlang, erklomm die Bootsladebäume achtern, rutschte das Tau hinunter und schwamm zu dem Boot, das etwa 150 Meter entfernt war. Als ich dort war, versuchte ich das Seil am Bug zu erwischen. Ich zog meinen Kopf über das Dollbord und sagte: "Hilf mir doch, Jack." Foley war im Boot. Ich sah, wie er aufstand und sagte: "Bist du das, Sam?" Ich antwortete: "Ja", und die Frauen und Kinder zogen mich hinein.

Nachdem das Schiff gesunken war, fuhren wir zurück und retteten sieben Mannschaftsmitglieder, darunter den Matrosen Lyons, den Heizer Dillon und die beiden Stewards Cunningham und Siebert. Wir fuhren weiter in Richtung des Lichts eine s weiteren Rettungsboots und schlossen uns diesem an. Dann brach der Tag an und wir sahen mehr und mehr Boote. Als wir bei ihnen eintrafen, verzurrten wir alle mit der Fangleine. Dann halfen wir Boot Nr. 12, die Leute von einem gekenterten Boot ("B") zu übernehmen. Vier oder fünf Leute wechselten zu uns, der Rest ging ins andere Boot. Insgesamt waren da ("B") ungefähr zwanzig Menschen drauf.

A. Cunningham, Steward (am. Untersuchung):

Soweit ich mich erinnere, habe ich das erste Mal die Ernsthaftigkeit des Zusammenstoßes begriffen, als ich das Wasser auf dem Deck sah, wo sich das Postamt befand. Ich wartete auf dem Schiff, bis alle Boote weg waren und sprang dann ins Wasser. Das war gegen zwei Uhr. Ich war etwa eine halbe Stunde im Wasser und eine gute Dreiviertelmeile entfernt, als das Schiff unterging. Ich hatte Angst vor der Sogwirkung. Mein Kumpel Siebert hat das Schiff mit mir verlassen. Als ich ein Rettungsboot hörte, rief ich danach und schwamm zu ihm hin. Ich sah Quartiermeister Perkis, der das Kommando hatte. Hemmings, der Matrose, Foley (Lagerverwalter) und ein Heizer (Dillon) waren im Boot. Ich habe nie irgendwelche männlichen Passagiere dort gesehen. Dann haben wir Prentice, den stellvertretenden Lagerverwalter herausgezogen. Ich glaube, dass Nr. 4 dem Unglücksort am nächsten war, weil es die meisten Personen aus dem Wasser aufnahm. Gegen 7:30 Uhr gingen wir an Bord der *Carpathia*. Als wir sie sichteten, war das Schiff etwa vier oder fünf Meilen von uns weg.

R. P. Dillon, Heizer (brit. Untersuchung):

Ich ging mit dem Schiff unter und sank etwa drei Meter in die Tiefe. Als ich von Nr. 4 herausgezogen wurde, war ich etwa zwanzig Minuten im Wasser. Ich schätze, dass bestimmt tausend weitere Menschen im Wasser waren. Keine Frauen zu sehen. Als ich das Bewusstsein wiedererlangte, lagen Matrose Lyons und ein andere auf mir drauf, beide tot.

Thomas Granger, Schmierer (brit. Untersuchung):

Ich ging auf dem Bootsdeck achtern rüber auf die Backbordseite, kletterte ein Tau hinunter und gelangte in ein Boot, das sich an der Seite des Schiffes befand. Es war Nr. 4, das zurückgekommen war, weil nicht genug Männer an Bord waren, die das Boot hätten rudern können. Das Boot war voller Männer und Kinder. Auch der Schmierer F. Scott krabbelte das Seil herunter und kam so in dieses Boot. Quartiermeister Perkis und Hemmings waren schon drin. Später holten wir Dillon und einen weiteren Mann (Prentice) aus dem Wasser.

F. Scott, Schmierer (brit. Untersuchung.):

Zuerst gingen wir auf der Steuerbordseite aufs Deck hoch, denn sie krängte nach Backbord, aber da waren keine Boote. Als ich aufs Bootsdeck hochkam, folgten mir die Maschinisten auf dem Fuße. Von den sechsunddreißig sah ich nur acht auf Deck. Dann gingen wir nach backbord und dort waren auch Boote. Ein Offizier feuerte einen Schuss ab und ich hörte, wie er sagte, dass er jeden wie einen Hund erschießen würde, der versuchte in ein Bot zu gelangen. Zu dieser Zeit waren die Boote der Steuerbordseite bereits weg. Ich sah, wie eines der Boote, Nr. 4, zum Schiff zurückkehrte, stieg auf einen der Ladebäume und versuchte, das Tau hinunterzuklettern; dabei fiel ich ins Wasser und wurde rausgezogen. Das war um fast zwei Uhr.

Mrs. E. B. Ryerson's eidesstattliche Erklärung (am. Untersuchung):

Wir wurden zum A-Deck herunterbeordert, das teilweise überdacht war. Dort sahen wir, wie Menschen in die Boote verladen wurden und warteten, bis wir an der Reihe waren. Mein Junge Jack war bei mir. Ein Offizier an einem Fenster sagte: "Der Junge kann nicht mitkommen." Mein Mann sagte: "Natürlich geht der Junge mit seiner Mutter, er ist ja erst dreizehn"; also ließ man ihn passieren. Ich drehte mich um und küsste meinen Gatten, der mit den anderen Männern, die ich kannte, Mr. Thayer, Mr. Widener und ein paar anderen, sehr still zusammenstand. Zwei Männer und ein Offizier waren im Boot, draußen half uns ein Matrose. Ich fiel auf die Frauen drauf, die bereits im Boot waren, und krabbelte mit meiner ältesten Tochter vor zum Bug. Miss Bowen und mein Junge blieben im Heck und meine zweite Tochter war mit meiner Zofe in der Mitte des Bootes. Mrs. Thayer, Mrs. Widener, Mrs. Astor und Miss Eustis waren die einzigen Bekannten in unserem Boot.

Kurz darauf rief ein Offizier vom oberen Deck: "Wie viele Frauen sind da in diesem Boot?" Jemand antwortete: "Vierundzwanzig." "Das ist genug, abfieren."

Die Seile schienen an einem Ende zu haken. Jemand rief nach einem Messer, aber wir benötigten es nicht, bis wir die kurze Strecke hinunter zum Wasser hinter uns gebracht hatten; und da erkannte ich das erste Mal, wie tief das Schiff bereits gesunken war. Das Deck, das wir gerade verlassen hatten, befand sich nur noch 6 Meter über dem Meeresspiegel. Ich sah, dass alle

Bullaugen offenstanden und das Wasser hineinschwappte; die Decks waren immer noch beleuchtet. Dann rief jemand: " Wie viele Matrosen habt ihr?", und sie antworteten: "Einen." "Das ist nicht genug", sagte der Offizier. "Ich werde euch noch einen schicken." Und schon kam ein Seemann das Tau heruntergeklettert. Einige Minuten später kamen weitere Männer, aber keine Seeleute, über die Ladebäume die Taue herunter und landeten in unserem Boot. Dann wurde der Befehl zum Ablegen gegeben und sie ruderten davon. Jemand rief irgendwas wegen einer Gangway und keiner schien zu wissen, was damit gemeint war. Fässer und Stühle wurden über Bord geworfen. Als der Bug des Schiffes versank, gingen die Lichter aus. Das Heck erhob sich noch einige Minuten schwarz gegen die Sterne, dann ging das Schiff unter. Sofort danach ertönten die scheinbar nie zu Ende gehen wollenden Hilfeschreie der ertrinkenden Menschen. Jemand rief: "Rudert um euer Leben oder ihr werdet mit hinuntergezogen" – und jeder, der konnte, ruderte wie verrückt. Ich konnte sehen, wie meine jüngere Tochter, Mrs. Thayer und Mrs. Astor ruderten, aber es schien keinen Sogeffekt zu geben. Dann drehten wir um und holten einige aus dem Wasser heraus. Einige Frauen protestierten, wieder andere beharrten darauf, und wir zogen sechs oder sieben Männer ins Boot hinein. Die Geretteten waren Stewards, Heizer, Matrosen, etc., und waren bereits so unterkühlt, dass sie sich kaum bewegen konnten. Zwei von ihnen starben später im Heck und viele delirierten, stöhnten oder redeten die ganze Zeit Unsinn. Wir hatten weder Lampen noch einen Kompass. Im Boot waren auch einige Babys.

Offizier Lowe befahl die Boote zusammenzuzurren, und sobald wir diese in der Dunkelheit gefunden hatten, vertäuten wir fünf davon miteinander. Verschwommen konnten wir ein gekentertes Boot erkennen, auf dem dicht gedrängt etwa zwanzig Männer standen. Als die Seemänner in unserem Boot sagte, dass wir noch acht oder zehn Menschen aufnehmen könnten, riefen wir nach einem anderen Boot, das mit uns losfahren und diese Männer aufnehmen konnte. Wir durchschnitten die Fangleinen und verteilten die Männer auf die Boote. Als die Sonne aufging, sahen wir die *Carpathia* in etwas fünf Meilen Entfernung - und auch zum ersten Mal die Eisberge, die uns umgaben. Gegen 8 Uhr gingen wir an Bord.

Mrs. Thayers eidesstattliche Erklärung:

Der hintere Teil des Schiffes bäumte sich auf und das Heck zeigte in die Luft, bis das Schiff eine fast senkrechte Position eingenommen hatte. Es schien für viele Sekunden (vielleicht zwanzig) in dieser Position zu verharren, bis es plötzlich senkrecht abtauchte und außer Sicht geriet. Die Armbanduhr eines der Passagiere im Boot zeigte 2:20 Uhr morgens, als die Titanic verschwand.

Wir fuhren dorthin zurück, wo der Dampfer gesunken war und nahmen auf dem Weg sechs Männer auf, die im Meer schwammen – zwei davon waren betrunken und bereiteten uns große Schwierigkeiten. Die sechs Männer wurden von den Frauen ins Boot gewuchtet. Zwei davon starben noch an Bord.

Das Boot, in dem wir waren, begann Wasser einzulassen, ich weiß nicht warum. Wir mussten ausschöpfen. Ich stand die ganze Zeit bis zum obersten Rand meiner Stiefel im eiskalten Wasser und ruderte fortwährend für fast fünf Stunden. Wir übernahmen etwa fünfzehn weitere Menschen, die auf einem umgekippten Boot standen. Insgesamt waren wir danach 65 oder 66 Personen im Boot. Es gab keinen Platz zum Sitzen, also standen wir alle – mit Ausnahme von ein paar wenigen, die an der Seite saßen.

Ich glaube, dass die Passagiere aus dem Zwischendeck eine genau so gute Rettungschance hatten, wie alle anderen. Das Boot, in dem ich war, wurde um sieben Uhr morgens von der *Carpathia* aufgenommen. Da unser Boot so viel Wasser eingelassen hatte, dass wir nicht viel länger über Wasser bleiben hätten können, konnten wir nicht darauf warten, bis die *Carpathia* bei uns war, sondern ruderten drei Meilen zu ihr hin.

Ich habe nie mehr größeren Mut und Effizienz gesehen als von den Offizieren auf dem Schiff. Sie waren besonnen, höflich und einfach herrlich. Sie arbeiteten auch sehr hart. Auch die Kabinenstewards verhielten sich außerordentlich gut.

Mrs. Stephenson und Mrs. Eustis haben mir freundlicherweise ihre Geschichte zur Publikation in diesem Buch überlassen. Darin steht folgendes:

"Wir befanden uns im Niedergang des A-Decks, als der Befehl ertönte, dass sich Frauen und Kinder aufs Bootsdeck und die Männer nach steuerbord begeben sollten. Miss Eustis und ich nahmen uns bei der Hand, um nicht in der Menge getrennt zu werden. Alle gingen rauf aufs Deck. Wir waren hinter Mrs. Thayer und deren Zofe und gingen die engen Eisenstufen hinauf aufs vordere Bootsdeck, das auf der Titanic die Brücke des Kapitäns war.

"Am oberen Ende der Treppe stand Kapitän Smith, der sehr beunruhigt schaute und bestrebt war, direkt nach uns nach unten zu kommen. Zu diesem Zeitpunkt krängte das Schiff stark nach backbord. Als wir uns an die Wände des Offiziersquartiers lehnten, wurden über unseren Köpfen die ersten Raketen abgefeuert. Das bedeutete wiederum, dass die Lage sehr ernst war und telegraphisch keine Hilfe angefordert werde konnte. Kurz darauf kam vom Chefsteward des Speisesaals (Dodd) der Befehl, hinunter zum A-Deck zu gehen. Dazu bemerkte Mrs. Thayer: "Sagen Sie uns wohin und wir werden folgen. Sie beorderten uns hier herauf und nun schicken Sie uns zurück." Darauf sagte er: "Folgen Sie mir."

"Als wir das A-Deck erreicht hatten, konnten wir dank der elektrischen Beleuchtung ein Boot erkennen, das parallel zu den Fenstern abgelassen wurde; diese wurden nun geöffnet und ein Sessel davorgestellt, auf den wir stehen konnten. Die Titanic hatte nunmehr eine solche Schieflage, dass das Boot weit weg von der Schiffsseite hing und einer der Männer sagte: "Diese Kluft kann keine Frau überbrücken." Jemand rief nach einer der Leitern, die es auf den darunterliegenden Decks gab, aber noch bevor diese da war, saßen wir alle im Boot. Ich weiß nicht, ob sie das Boot mittels Haken näher zum Schiff gezogen haben, aber mit der Hilfe zweier Männer war der Zwischenraum leicht zu überspringen.

"Ich erinnere mich, dass ich Colonel Astor gesehen habe, der "Auf Wiedersehen!" rief und sagte, dass er uns in einem anderen Boot folgen würde; auch fragte er nach der Nummer unseres Bootes und jemand antwortete "Nr. 4." Als ich durch das Fenster stieg, musste ich die Wolldecke ablegen, da ich mit meinem Pelzmantel und der klobigen Rettungsweste bereits unbeholfen genug war. Später fanden wir heraus, dass die Stewards oder Mitglieder der Crew diese Decken ins Boot geworfen hatten. Sie leisteten uns gute Dienste, speziell die von Miss Eustis, die wir um ein spärlich bekleidetes Baby wickelten, und meine eigene, die ein aus dem Meer gezogener Überlebender bekam. Ich glaube, dass unser Boot jede auf dem Deck verbleibende Frau aufgenommen hatte und das letzte war, das auf der Backbordseite abgefiert wurde.

"Als wir die Meeresoberfläche erreicht hatten, sahen wir, wie heftig das Schiff krängte. Seine Nase war bereits tief eingetaucht und auf dem D-Deck stand das Wasser; da das Schiff immer noch beleuchtet war und die Bullaugen auf diesem Deck eckig statt rund waren, konnte wir das gut erkennen. Auf unserem Boot gab es keine Lampen und die Männer hatten große Mühe, die Haken zu lösen, da sie nicht wussten, wie diese funktionierten. Da das Schiff immer schneller zu versinken schien, hatte ich große Angst, dass wir mit hinuntergezogen werden würden, bevor wir ablegen konnten.

"Als wir endlich bereit waren abzulegen, ertönte vom Deck die Order, zur Heckluke zu fahren und dort einige Männer abzuholen. Obwohl dort keine Luke offenstand und wir keine Männer sehen konnten, befolgte die Mannschaft zu unserem Schreck den Befehl; überall wurden Wrackteile heruntergeworfen und wir hörten ein klirrendes Geräusch, als ob Porzellan zerbrechen würde. Wir bedrängten die Männer vom Schiff wegzufahren, aber sie weigerten sich und wir zogen drei Männer in unser Boot, die vom Schiff gefallen und auf uns zu geschwommen waren. Einer der Männer war betrunken und hatte eine Flasche Brandy in seiner Tasche, welche der Quartiermeister prompt über Bord warf. Den Betrunkenen warf man in den

Boden des Bootes und zog eine Decke über ihn. Nachdem die drei Männer ins Boot gezogen waren, redeten alle darüber, wie schnell das Schiff sank und wir alle bedrängten sie, um unser Leben zu rudern, damit wir außerhalb der Sogwirkung beim Abtauchen der Titanic kommen würden. Die Lichter des Schiffes brannten bis kurz vor dem Untergang. Als der Ruf zu hören war, dass der Zeitpunkt gekommen sei, bedeckte ich mein Gesicht und hörte jemanden schreien: "Sie bricht entzwei." Nach für mich schier unendlicher Zeit drehte ich den Kopf und sah das Heck fast lotrecht im Wasser stehen. Die Blätter der Schiffsschraube waren vollständig zu sehen. Dann folgte das finale Eintauchen und die Luft war erfüllt von Schreien. Wir ruderten zurück und zogen weitere fünf Männer aus dem Meer. Sie hatten bereits stark unter der eisigen Kälte gelitten und zwei von ihnen, die im Heck lagen, starben später. Wir behielten die Leichen im Boot, bis wir die *Carpathia* erreicht hatten; dort nahm man sie an Bord und bestattete sie Montagnachmittag gemeinsam mit drei anderen Toten.

" Nachdem wir die Männer gerettet hatten, sichteten wir mehrere Rettungsboote in unserer Nähe. Der Befehl, alle Boote miteinander zu verbinden, wurde sofort befolgt. Ich glaube, dass wir noch nicht allzu lange zusammen waren, als eines der Boote meinte, es könnte noch mehr Leben retten, wenn man einige der Frauen und Kinder an Bord abgäbe. So kamen mehrere Neuzugänge in unser Boot. Bald darauf hörte man Rufe wie "Schiff ahoi" und ein langes, tiefes Stöhnen. Der kommandierende Offizier eines anderen Bootes befahl uns, ihm zu folgen. Wir dachten eigentlich, dass wir schon zu voll dafür waren, aber unsere Männer, allen voran der Quartiermeister und der Bootsmann, folgten dem Offizier zu einem gekenterten Boot, auf dem sehr viele Männer standen. Wir mussten uns sehr vorsichtig nähern aus Angst, unser Wellenschlag würde sie herunterwerfen, und wir konnten auch nur wenige übernehmen, die zudem noch sehr vorsichtig übersetzen mussten. Das andere Boot (Nr. 12) rettete die meisten, woraufhin wir wieder zurückruderten. "

Diese Rettung, die Mrs. Stephenson so brillant beschreibt, geschah bei Morgendämmerung. Ihre Geschichte kehrt nun wieder zurück zu der Nacht davor.

"Das Meer war glatt und die Nacht glänzte mit mehr Sternen, als ich jemals zuvor sah.

"Manchmal leuchtete irgendwo ein grünes Licht auf, offensichtlich von einem anderen Rettungsboot, was uns unsere Männer auch bestätigten. Wir alle beteten darum, dass der Morgen kommen möge; es gab auch kaum Gespräche, da die meisten so geschockt waren von der Katastrophe und erbärmlich froren.

"Mit der Dämmerung kam der Wind und es dauerte nicht lange, bis das Meer wilder wurde. Kurz vor dem ersten Tageslicht sahen wir am Horizont etwas, das nur die Lichter eines Schiffes sein konnten. Der Quartiermeiste brauchte lange, um einzusehen, dass wir Recht hatten; er hielt das Ganze zuerst für den Mond, bis wir darauf beharrten, dass es die *Carpathia* sein könnte, von deren Eingreifen man uns erzählt hatte, bevor wir die Titanic verließen. Noch lange Zeit danach waren wir von Treibgut von der Titanic umringt, hauptsächlich Liegestühle und ein paar weiße Reliefpfeiler.

"Wir waren schon überzeugt davon, dass wir die *Carpathia* nie erreichen würden, als wir sahen, dass sie gestoppt hatte; als wir hinterher fragten, warum sie nicht nähergekommen war, sagte man uns, dass einige der Boote der Steuerbordseite bereits kurz nach vier Uhr dort gewesen waren, während es schon nach sechs Uhr war, als wir an der Seite mit der offenen Luke ankamen.

"Das Rudern inmitten des schweren Seegangs war langwierig und ermüdend gewesen; das Schiff früher zu erreichen, war schlichtweg unmöglich. Wir standen nicht nur einmal kurz vor dem Sinken und Kapitän Rostron, der uns heraufkommen sah, sagte, dass er große Zweifel hatte, ob wir eine weitere Stunde in dieser See überlebt hätten. In unserem Boot stand eine nicht unerhebliche Menge Wasser, teilweise aus einem Leck, teilweise aber auch aus der Bekleidung der acht geretteten Männer. Man hatte beständig geschöpft, um das Gewicht zu verringern. Zwei der Frauen in meiner Nähe waren so seekrank, wie man nur sein konnte, aber die Babys haben die meiste Zeit in den Armen ihrer Mütter geschlafen. An der Seite der *Carpathia* wurden sowohl der Bootsmannsstuhl als auch Strickleitern abgelassen. Nur wenige Männer konnten diese allerdings auch benutzen. Die Babys und Kleinkinder wurden mittels herabgelassenen Postsäcken nach oben befördert. Man sagte uns, wir sollten die Rettungswesten ablegen; anschließend wurden wir in den Bootsmannsstuhl gesetzt und zu einer offenen Luke hochgezogen, wo uns hilfsbereite Arme hineinzogen. Dort erwarteten uns warme Decken und jedem wurde Brandy angeboten. Anschließend führte man uns in den Salon, wo heißer Kaffee und Sandwiches serviert wurden."

ENGELHARDT BOOT "D"

Keine männlichen Passagiere in diesem Boot.

Passagiere: Mrs. J. M. Brown, Mrs. Harris, Mrs. Frederick Hoyt, die Navratil-Kinder.

Aus dem Meer gerettet: Frederick Hoyt.

Von den Frauen verabschiedet und mit dem Schiff gesunken: Mr. Harris.

Mannschaft: Bright, Quartiermeister, verantwortlich; Matrose Lucas; Steward Hardy.

Blinder Passagier: Ein Ausländer aus dem Zwischendeck, Joseph Dugemin.

Beim Abfieren vom unteren Deck ins Boot gesprungen: H. B. Steffanson (Schwede) und H. Woolner (Engländer).

Gesamt: 44

Vorkommnisse

C. H. Lightoller, Zweiter Offizier (am. Untersuchung):

Im Fall des letzten Boots, das ich fertigmachte, das allerletzte, welches das Schiff verließ, hatte ich allergrößte Schwierigkeiten noch Frauen zu finden. Nachdem alle anderen Boote abgelegt hatten, machten wir uns daran, die faltbaren Engelhardt-Boote zu Wasser zu lassen. In der Zwischenzeit war das vordere Notfallboot (Nr. 2) von einem anderen Offizier bereitgemacht worden und wir machten uns daran, das andere Faltboot von den Ladebäumen zu lösen. Dann rief ich nach Frauen und bekam keine. Jemand sagte: "Da sind keine Frauen mehr." Das war auf dem Bootsdeck, da, wo eigentlich alle Frauen sein sollten, weil da ja die Boote waren. Da waren fünfzehn oder zwanzig Leute, die wir in dieses Boot setzen konnten – ein Matrose und ein anderer Matrose, oder Steward. Es war das allerletzte Boot, das in den Takeln hing. Ich bemerkte viele Amerikaner, die in meiner Nähe standen, und mir jede mögliche Hilfe gewährten, unabhängig von jeder Nationalität.

Vor dem britischen Untersuchungsausschuss sagte derselbe Offizier wie folgt aus:

Jemand rief: " Da sind keine Frauen mehr." Einige der Männer begannen einzusteigen. Dann rief ein anderer: "Da sind doch noch Frauen", und als diese vortraten, stiegen die Männer wieder aus. Danach sah ich keine Männer mehr darin, aber ich glaube, dass sich ein paar Chinesen dort versteckten.

Als dieses Boot abgefiert wurde, sah ich überhaupt keine Frauen mehr. Ich hielt es nicht für ratsam zu warten, sondern versuchte, es so schnell wie möglich vom Schiff wegzubekommen. Ich wollte nicht, dass das Boot "gestürmt" wurde. Alles verlief in perfekter Ordnung. Die Männer versuchten nicht, das Boot zu "stürmen." Als das Boot beladen wurde, sah ich das Wasser den Treppenaufgang heraufkommen. Bis zum Schluss verhielten sich alle auf dem Boot hervorragend. Soweit ich weiß, waren keine männlichen Passagiere in dem Boot, mit Ausnahme des einen, den ich hineinbeordert habe, Major Peuchen.

A. J. Bright, Quartiermeister (am. Untersuchung):

Quartermeister Rowe, Mr. Boxhall und ich feuerten in regelmäßigen Abständen die Seenotsignale ab, ich glaube es waren sechs Raketen insgesamt. Nachdem wir dies beendet hatten, waren noch zwei Boote übrig (die Engelhardt-Faltboote "C" und "D"). Bevor die Faltboote abgefiert wurden, hatten alle anderen bereits das Schiff verlassen. Das musste so sein, denn die Faltboote waren auf Deck und konnten erst benutzt werden, wenn alle anderen vorher zu Wasser gelassen wurden. Dasselbe Takel, mit dem die Rettungsboote und die Notfallboote abgefiert wurden, diente auch zum Ablassen der Faltboote.

Der Zeuge sagt, dass sowohl er als auch Rowe dabei halfen, das Faltboot "C" auf der Steuerbordseite zu Wasser zu lassen und er dann nach backbord ging, um dort das andere Boot "D" mit Passagieren zu füllen – insgesamt ca. 25. Im Boot war auch ein Passagier der Dritten Klasse, der auf dem Weg nach Albion, New York, war (die Passagierliste weist diesen Mann als Joseph Dugemin aus).

Man sagte uns, dass wir uns vom Schiff wegbewegen sollten, um nicht in die Sogwirkung zu geraten. Als Boot "D" abgefiert wurde, tauchte das Vordeck gerade unter Wasser ein; das waren dann nur noch sechs Meter bis zur Brücke und das gesamte Schiff war schon rund fünfzehn Meter eingetaucht; das hatte zur Konsequenz, das beim Abfieren von Boot "D" der vordere Ladebaum tiefer stand und der hintere zu hängen schien. Als das Schiff sank, war Boot "D" bereits fünfzig bis hundert Meter entfernt.

Sie hatten eine Laterne im Boot, aber kein Petroleum, um sie anzuzünden. Nachdem das Boot abgelegt hatte, hörte der Zeuge etwas, aber keine Explosion. Es hörte sich am ehesten an wie das Rasseln von Ketten.

Nachdem "D" weggefahren war, kam Lowe mit einem anderen Boot längsseits, sagte, dass sie zusammenbleiben sollten und fragte nach der Anzahl Menschen in Boot "D". Steward Hardy zählte und sagte ihm die Zahl. Dann verteilte Lowe zehn oder zwölf Männer aus einem anderen Boot in das des Zeugen, da dieses nicht ausreichend gefüllt war. Ein Matrose musste das Boot verlassen. Das machte dann 37 Personen in Boot "D". Bei Tagesanbruch sahen sie ein weiteres Faltboot, "A", das überflutet war – gerade noch bündig mit dem Wasser. Offizier Lowe kam herbei und nahm Boot "D" ins Schlepptau, da dort zu wenig Männer waren, um zu rudern. Er verzurrte es mit "A" und ließ zwölf Männer und eine Frau in sein Boot Nr. 14 wechseln. Sie standen bis zu den Knöcheln im Wasser, als Nr. 14 und "D" zu ihnen kamen. Danach ließen sie das überschwemmte Boot mit zwei (drei) Leichen dahintreiben. Mr. Lowes Boot zog sie dann unter Segeln zur *Carpathia*, die etwa vier Meilen weg war.

William Lucas, Vollmatrose (brit. Untersuchung):

Gelangte in Engelhardt "D". Das Wasser stand schon direkt unterhalb der Brücke. Waren nicht weiter als hundert Meter weg, als eine Explosion zu hören war und hundertfünfzig Meter, als die Titanic sank. Einige Frauen mussten rudern. Im Boot gab es kein Steuerruder. Wechselten die Ruderblätter von einer Seite auf die andere, um fortzukommen. Sah ein schwaches, rotes Licht achtern des Rumpfes der Titanic, etwa neun Meilen entfernt. Der Zeuge wurde auf Boot Nr. 12 transferiert.

J. Hardy, Chefsteward der Zweiten Klasse (am. Untersuchung):

Wir ließen das mit Passagieren gefüllt Boot zu Wasser. Mr. Lightoller und ich selbst haben es beladen. Ich bin zusammen mit dem Quartiermeister (Bright) und zwei Heizern damit weggefahren. Unten im Boden lagen ein paar Syrer, die die ganze Nacht in ihrer seltsamen Sprache vor sich hinplapperten. Im Boot waren rund 25 Frauen und Kinder. Als wir unten die Wasseroberfläche erreichten, hatte das Schiff schwere Schlagseite nach Backbord. Wir legten ab und brachten einige Distanz zwischen uns und der Titanic. Mr. Lowe sagte uns, dass wir uns mit anderen Booten vertäuen sollten, damit wir besser gesehen und zusammenbleiben würden. Sein Boot war voll beladen und er transferierte etwa zehn Passagiere zu uns hinüber; damit waren wir schon 35. Als wir das Schiff verließen, dort wo wir abgefiert wurden, waren keinerlei Frauen oder Kinder in Sicht. Auch keine männlichen Passagiere, die beim Abfieren helfen konnten. Überhaupt niemand. Die waren alle weg, ich habe keine Ahnung, wohin. Wir waren vielleicht zwölf Meter von der Wasseroberfläche entfernt, als wir abgefiert wurden. Dann nahmen wir noch den Ehemann (Frederick W. Hoyt) einer der Frauen, die wir an Bord hatten, auf. Der Gentleman hatte sich ins Wasser geflüchtet und kletterte ins Boot, als wir unten waren. Er saß neben mir, klatschnass, aber erbot sich zu rudern. Für Offizier Murdoch verspürte ich sowohl größten Respekt als auch Bedauern. Ich ging mit ihm über das Deck nach voraus und er sagte: "Ich glaube, sie ist verloren, Hardy." Das war eine gute halbe Stunde bevor mein Boot abgefiert wurde.

Senator Fletcher: Wo waren die ganzen Passagiere, diese 1600 Leute?

Mr. Hardy: Sie müssen zwischen den Decks oder auf dem Deck unter uns oder auf der anderen Seite des Schiffes gewesen sein. Ich habe wirklich keine Ahnung, wo sie waren.

In seinem Brief an mich erzählt Mr. Frederick M. Hoyt seine Erlebnisse wie folgt:

"Ich kannte Kapitän Smith über fünfzehn Jahre. In dieser Nacht führten wir so gut wie keine Gespräche. Er tat mir einfach nur leid wegen des Unfalls; aber da ich niemals wirklich damit rechnete gerettet zu werden, wollte ich ihn zu dieser Zeit auch nicht mit unnötigen Fragen behelligen – er hatte wirklich alle Hände voll zu tun. Er schlug mir vor, hinunter aufs A-Deck zu gehen und zu schauen, ob nicht noch ein Boot längsseits lag. Das tat ich und sah zu meiner Überraschung, dass Boot "D" immer noch am Ladebaum hing (da es ja einige Verzögerungen beim Abfieren gegeben hatte). Da kam mir der Gedanke, dass ich hinausschwimmen und darauf warten sollte, dass das Boot ablegte, damit es mich aufnehmen konnte – was dann auch passierte."

Hugh Woolner, Passagier der Ersten Klasse (am. Untersuchung):

Dann sagte ich zu Steffanson: "Lassen Sie uns runtergehen zum A-Deck." Wir gingen also wieder hinab, aber da war niemand mehr. Ich schaute auf beiden Seiten des Decks nach, sah aber keine Leute. Das A-Deck war absolut verlassen und die elektrischen Lichter entlang der Decke wurden langsam rot, nur so ein Leuchten, eine Art rötliches Leuchten. Also sagte ich zu Steffanson: "Hier sitzen wir in der Klemme; lassen Sie uns durch diese Tür am Ende gehen." Und als wir da hindurchgingen, schwappte das Meer hoch auf das Deck und über unsere Füße hinweg. Wir hüpften rauf aufs Dollbord und bereiteten uns darauf vor, ins Meer zu springen. Wären wir auch nur eine Minute länger dortgeblieben, wären wir gegen die Decke gedrückt worden. Und als wir hinausschauten, sahen wir dort dieses Faltboot, das letzte Boot auf der Backbordseite, das genau vor unseren Augen abgefiert wurde.

Senator Smith: Wie weit weg war es?

Mr. Woolner: Es war knappe drei Meter weg.

Senator Smith: Drei Meter von der Seite des A-Decks?

Mr. Woolner: Ja.

Senator Smith: Sie sahen ein Faltboot, das abgefiert wurde?

Mr. Woolner: Abgefiert wurde, ja.

Senator Smith War es mit Menschen beladen?

Mr. Woolner: Es war voll bis auf den Bug und ich sagte zu Steffanson: "Da ist niemand im Bug. Lassen Sie uns da reinspringen. Sie zuerst." Er sprang ab und landete holterdiepolter im Boot; dann sprang ich und knallte mit meiner Brust auf das Dollbord. Gott sei Dank war diese durch die Rettungsweste geschützt. Ich purzelte sozusagen vom Dollbord herunter, konnte es noch mit meinen Fingern erwischen und glitt rückwärts ab.

Senator Smith: Ins Wasser?

Mr. Woolner: Ich konnte fühlen, wie meine Füße das Wasser berührten.

Senator Smith: Sie sind sich sicher, dass Sie fast drei Meter weit sprangen, um ins Boot zu gelangen?

Mr. Woolner: Das ist meine Schätzung. Wissen Sie, wir mussten ja auch leicht nach unten springen.

Senator Smith: Sind Sie nun nach der Seite oder nach unten gesprungen?

Mr. Woolner: Beides.

Senator Smith: Zur Seite UND nach unten?

Mr. Woolner: Leicht nach unten und zur Seite.

Senator Smith: Es kann ja nicht so weit nach unten gewesen sein, wenn das Wasser schon auf dem A-Deck stand; es muss mehr nach außen gegangen sein.

Mr. Woolner: Hauptsächlich nach außen; aber doch soweit nach unten, dass es ausreichte, über den Rand des Dollbords des Bootes zu schauen.

Senator Smith: Sie haben sich selbst aus dem Wasser gezogen?

Mr. Woolner: Ja; als ich mich mit meinem rechten Absatz über dem Dollbord eingehakt habe, ist Steffanson aufgestanden, hat mich gepackt und ins Boot hineingezogen.

Eine Dame (Mrs. Harris) hatte einen gebrochenen Ellenbogen. Sie trug eine weiße Wolljacke. Als der Morgen dämmerte transferierte Offizier Lowe fünf oder sechs Passagiere aus seinem Boot in unseres; das drückte uns runter fast auf Höhe des Meeresspiegels. Bei Tageslicht sahen wir eine Menge Eisberge, alle in verschiedenen Farben, je nachdem, wie die Sonne sie anschien. Manche sahen weiß aus, einige blau, manche violett und wieder andere dunkelgrau. Da war ein sehr großer mit zwei Spitzen, bestimmt über dreißig Meter hoch.

Die *Carpathia* schien langsam näherzukommen und dann hielten die Maschinen. Wir schauten zu ihr hin und sahen ein Boot längsseits; da wussten wir, dass sie nicht, wie eigentlich gewünscht, zu uns fahren würde, sondern wir zu ihr kommen sollten. Dann nahm uns Mr. Lowe mit seinem Boot Nr. 14, das Segel gesetzt hatte, ins Schlepptau. Nachdem wir einige Menschen von Boot "A" – vielleicht ein Dutzend – übernommen hatten, darunter auch eine Frau, segelten wir zur *Carpathia.* Da war ein Kind im Boot, eines dieser kleinen Kinder, nach dessen Eltern jeder sucht (eines der Navratil-Kinder).

Die letzten Boote der Titanic, die nie zu Wasser gelassen wurden, sondern davontrieben, waren die beiden Engelhardt-Faltboote "A" und "B" auf dem Dach des Offiziershauses. In meinem persönlichen Bericht habe ich schon die Geschichte des gekenterten Bootes "B" erzählt, mit dem Zweiter Offizier Lightoller, Jack Thayer, ich selbst und einige andere sich retten konnten. Seit ich diesen Bericht geschrieben habe, wurden mir weitere Informationen zugänglich, einschließlich einiger, auf die ich bereits Bezug genommen habe. Auch wenn die Gefahr einiger Wiederholungen besteht, glaube ich trotzdem, dass es von Interesse ist, die Aufzeichnungen dieses Bootes hier einzufügen:

ENGELHARDT BOOT "B"

[Das gekenterte Boot]

Passagiere: A. H. Barkworth, Archibald Gracie, John B, Thayer, Jr., Erste Klasse.

Mannschaft; Zweiter Offizier Lightoller, Telegrafist Bride, Heizer: McGann, Senior; Chefbäcker Joughin; Köche: Collins, Maynard; Steward Whiteley, "J. Hagan." Matrose J. McGough (vermutlich). Zwei Männer im Boot gestorben. Eine der Leichen an Boot Nr. 12 und später an die *Carpathia* übergeben. Vermutlich ein Heizer, aber Cunard & Co. besitzen keine Aufzeichnungen bezüglich seiner Person oder seiner Bestattung.

VORKOMMNISSE

C. H. Lightoller, Zweiter Offizier (am. Untersuchung):

Ich stand auf dem Dach des Offiziersquartiers und es gab nichts mehr zu tun. Dann tauchte das Schiff über Bug weg und ich fiel mit dem Gesicht nach unten herunter; das war praktisch mittschiffs, leicht steuerbord. Ich wurde rückwärts gegen das Gebläse geschleudert, ein riesiges Ding, das nach vorne in den Wind gerichtet ist und eine Verbindung zum Feuerungsloch hat; aber davor ist ein Gitter, und dagegen wurde ich vom Wasserdruck gespült und unter Wasser gehalten. Dann folgte eine heftige Explosion aus Luft und Wasser und ich konnte mich befreien. Ich gelangte kurz über Wasser, war aber kaum oben, als es mich schon wieder nach unten zog gegen diese verflixten Gitter, die direkt quer über dem Feuerungsloch lagen. Ich glaube, dass auch Colonel Gracie von dem nach unten strömenden Wasser beim Sinken des Schiffes gegen diese Gitter gedrückt wurde.

Als nächstes fand ich mich neben diesem gekenterten Boot wieder. Das war noch bevor die Titanic vollständig untergegangen war. Dann kippte der Schornstein um, und wenn irgendjemand auf dieser Seite war, hat er ihn voll erwischt. Das Schiff war noch nicht zu großen Teilen eingetaucht. Das Heck war noch komplett über Wasser. Ich habe mitbekommen, wie kompetente Männer hitzige Diskussionen führten über die Frage, ob die Heizkessel nach dem Kontakt mit Salzwasser explodiert sein können. Offensichtlich ist es aber noch überhaupt nicht erwiesen, ob kaltes Wasser Heizkessel überhaupt zum Explodieren bringen kann.

Ich hatte kaum Gelegenheit zum Schwimmen. Der fallende Schornstein hatte zur Konsequenz, dass wir eine beträchtliche Entfernung vom Schiff weggeworfen wurden. Wir hatten keine Ruderblätter oder andere Mittel, um das gekippte Boot anzutreiben. Wir hatten kleine Holzstücke, aber die waren zu nichts nutze.

Wie ich schon zuvor sagte, waren Colonel Gracie und der junge Thayer auf unserem Boot. Da waren keine Frauen. Wir zogen alle aus dem Wasser, und das waren Heizer und andere Mitglieder der Crew – dreißig, grob überschlagen. Ich sage das nicht nur aus eigener Schätzung, sondern auch, weil es mir jemand bestätigt hat, der von der Brücke der *Carpathia* herunterschaute.

Und aus der Aussage desselben Offiziers vor der britischen Untersuchungskommission:

Dann wurde der Befehl gegeben, das Tauwerk der anderen Engelhardt-Boote zu durchschneiden. Es war zu spät und einfach keine Zeit mehr, die Boote zu den Ladebäumen zu hieven, denn das Wasser schoss schon das Bootsdeck hoch. Dann ging er durch das Offiziersquartier hinüber zur Steuerbordseite, um zu sehen, was dort noch zu tun war. Dann schien das Schiff einzutauchen. Er schwamm weg und brachte möglichst viel Entfernung zwischen sich und der Titanic. Das Wasser war so intensiv kalt, dass er zuerst versuchte, ins nahegelegene Krähennest zu klettern. Als nächstes wurde er am vorderen Teil des Schornsteins gegen den Lüfter gedrückt, da das Wasser durch diesen Lüfter nach unten rauschte und ihn gegen das Gitter drückte. Dann wurde er, vermutlich durch einen Luftzug, vom Gitter weggeblasen. Für ein paar Momente wurde er unter die Wasseroberfläche gezogen. In der Nähe des Engelhardt-Bootes "B", das nicht ordentlich zu Wasser gelassen worden war, sondern reingeworfen wurde, kam er wieder nach oben. Der vordere Schornstein kippte um. Kurze Zeit danach sah er ein halbes Dutzend Männer auf dem Faltboot und kletterte hinauf. Der dritte Schornstein war noch vollständig zu sehen und das Schiff hob nach und nach das Heck aus dem Wasser. Das Schiff war nicht durchgebrochen und machte auch keine Anstalten dazu. Sein Eindruck war, dass im hinteren Teil, der noch nicht unter Wasser war, keine Lichter mehr brannten. Es stimmt, dass dieser Teil absolut waagerecht auf dem Wasser stand. Die ganze Zeit über beobachtete er das Schiff eindringlich. Nachdem es einen Winkel von sechzig Grad eingenommen hatte, gab es ein donnerndes Geräusch, das er den Heizkesseln zuschrieb, die ihre Halterungen verlassen hatten und runterkrachten. Schließlich nahm es eine senkrechte Haltung ein und tauchte langsam ein. Er hörte keinerlei Explosion, aber bemerkte zu dieser Zeit, dass das Wasser viel wärmer wurde. Unter den Überlebenden auf Engelhardt-Boot "B" waren einige, die vorher im Wasser um ihr Leben gekämpft hatten. Etwa 28 bis 30 Personen wurde bei Tagesanbruch auf ein anderes Boot transferiert. In diesem aufnehmenden Boot (Nr. 12) befanden sich nach dem Transfer 75 Menschen. Es war das letzte Boot, das die *Carpathia* erreichte. Am nächsten Morgen (Montag) sah er

Eisberge, die zwischen fünfzehn und sechzig Meter hoch waren, aber der nächste war schon gute zehn Meilen entfernt.

Nachdem die Boote das Schiff verlassen hatte, hörte er Befehle, die der kommandierende Offizier durch ein Megaphon ausgab. Er hörte, wie dieser sagte: "Bringt dieses Boot längsseits." Der Zeuge vermutet, dass hier auf den Versuch angespielt wurde, die Boote zu den Türen der Gangway zu lotsen. Der Zeuge kann nicht sagen, inwiefern dieser Befehl befolgt wurde oder nicht. Weiterhin sagt er, dass er noch keine halbe Stunde auf dem Engelhardt-Boot war, als der Wellengang deutlich zunahm. Am Morgen war auch eine ordentliche Brise zu spüren. Als er an Boot Nr. 6 arbeitete, bemerkte er, dass das Schiff krängte. Obwohl der Aufprall an der Steuerbordseite erfolgt war, war es nichts Außergewöhnliches, dass das Schiff nach Backbord schieflag. Man kann nicht logisch darauf schlussfolgern, dass das Schiff dorthin krängte, wo das Wasser einbrach.

Harold Bride, nachrangiger Telegrafist in seinem Bericht vom 27. April an W. B. Cross, Kaufmann im Verkehrsservice, Marconi Co. (am. Untersuchung):

Genau in diesem Moment sagte der Kapitän: "Ihr könnt nicht mehr tun, rettet euch selbst." Als wir den Kapitän verlassen hatten, kletterten wir auf das Dach der Unterkünfte, in denen wir selbst, als auch die Offiziere, untergebracht waren. Hier sah ich Mr. Phillips, der nach achtern unterwegs war, das letzte Mal. Ich half nun dabei, das Faltboot aufs Bootsdeck hinunterzubekommen. Genua als das Boot fiel, sah ich, wie Kapitän Smith vom Meer verschlungen wurde. Dann folgte ein allgemeines Gedrängel in Richtung des Bootsdecks, das in dem Moment, als wir es erreicht hatten, vom Wasser überspült wurde. Ich schaffte es gerade noch, mich an dem Boot, das wir kurz zuvor fertiggemacht hatten, festzuhalten und wurde mit ihm über Bord geschwemmt. Danach erlebte ich die drei oder vier aufregendsten Stunden, die man sich nur vorstellen kann, und wurde zur rechten Zeit zusammen mit dem Rest der Überlebenden von der *Carpathia* aufgenommen. Wie Sie vielleicht gehört haben, bin ich das zweite Mal auf das Faltboot gekommen, das, als ich es verlassen habe, noch umgedreht war. Ich rief nach Phillips, bekam aber keine Antwort. Ich hörte später aus mehreren Quellen, das er auf diesem Boot war und starb, noch bevor wir von dem Rettungsboot der Titanic (Nr. 12) gerettet wurden. Wie mir berichtet wurde, waren Angst und Belastung die Gründe für seinen Tod. Soweit ich herausfinden konnte, wurde er an Bord der *Carpathia* genommen und dann auf See bestattet; allerdings wurden, aus welchem Grund auch immer, die Toten vor der Bestattung nicht identifiziert, so dass ich nicht dafür bürgen kann.

Er legte auch vor der amerikanischen Kommission eine Aussage ab:

Dieses Boot war oben auf der Offizierskabine auf der Seite des vorderen Schornsteins. Es wurde über Rand aufs Bootsdeck geworfen. Es kippt dann über die Steuerbordseite hinunter und ich mit ihm. Eine Welle hat es über die Schiffsseite hinweg nach unten ins Wasser gespült, mit der Unterseite nach oben. Ich war im Boot und darunter, als es sich umdrehte. Ich kann nicht sagen, wie lange. Mir erschien es wie eine Ewigkeit. Schließlich konnte ich mich auf die Oberseite des Bootes retten. Dort war schon eine große Traube Menschen. Dazu sollte ich noch bemerken, dass ich eine halbe oder Dreiviertelstunde unter dem Boot war. Dann schaute ich, dass ich so schnell wie möglich wegkam. Irgendwann, etwa eine Dreiviertelstunde später, schwamm ich zum Boot zurück, ich weiß nicht warum. Ich war selbst umgekehrt unterwegs – also, ich schwamm auf dem Rücken.

Ich schätze, dass das zwischen dreißig und vierzig Personen auf dem Boot waren, keine Frauen. Als es runter aufs Bootsdeck gefallen war, drängten wir alle auch dorthin und wollten es von dort aus ordentlich zu Wasser lassen; aber bevor wir dazu in der Lage waren, wurde es über Bord gespült. Ich war zufälligerweise derjenige, der dem Boot am nächsten stand, erwischte es noch und fiel mit ihm hinunter. Es war bereits ein Passagier drin, aber ich konnte nicht erkennen, ob es aus der Ersten, Zweiten oder Dritten Klasse war. Ich hörte ihn nur sagen, dass er ein Passagier war. Ich kann nicht sagen, ob es Colonel Gracie war. Viele anderen versuchten ebenso und mit aller Kraft draufzukommen, Dutzende davon im Wasser. Ich würde vermuten, dass es alles Mannschaftsmitglieder waren.

Ich bin 22 Jahre alt. Phillips war etwa 24 oder 25. Mein monatlicher Lohn von der Marconi Co. beträgt vier Pfund.

Bezüglich des Angriffs auf Mr. Phillips und den Versuch, seine Rettungsweste zu entwenden, kann ich nur sagen, dass der Mann wie ein Heizer gekleidet war. Wir hinderten ihn mit aller Kraft daran. Ich hielt ihn fest und Mr. Phillips schlug ihn.

H. J. Collins, Koch (an. Untersuchung): Das war meine erste Überfahrt. Zusammen mit einem anderen Steward, einer Frau und zwei Kindern, rannte ich aufs Oberdeck und nach backbord. Der Steward hatte eines der Kinder in seinen Armen und die Frau weinte. Ich nahm das andere Kind und rannte zu den Booten. Dann hörte ich, dass man auf der Steuerbordseite ein Faltboot zum Ablegen bereitmachte und dass sich alle Frauen und Kinder dorthin begeben sollten; also machten sich der andere Steward, die Frau, die Kinder und ich auf dorthin. Wir sahen, wie das Faltboot vom Salondeck gelöst wurde. Dann meldeten die Matrosen und Heizer voraus, dass die Titanic über Bug sank und dieser bereits im Wasser war. Sie schrien uns zu, dass wir nach achtern gehen sollten. Gerade, als wir uns umgedreht hatten, um in Richtung

Heck zu marschieren, spülte uns eine Welle vom Deck hinunter – direkt hinunter ins Wasser und riss das Kind aus meinen Armen. Ich wurde bestimmt zwei oder drei Minuten unter Wasser gedrückt.

Senator Bourne: Zwei oder drei Minuten?

Mr. Collins: Ja, da bin ich mir sicher.

Senator Bourne: Waren Sie bewusstlos?

Mr. Collins: Nein, überhaupt nicht. Es hat mir nichts ausgemacht — also, das Salzwasser.

Senator Bourne: Aber Sie waren unter Wasser? Man kann keine zwei oder drei Minuten unter Wasser bleiben.

Mr. Collins: Naja, so ist es mir auf jeden Fall vorgekommen. Natürlich weiß ich es nicht genau. Als ich wieder an die Oberfläche kam, habe ich dieses Boot gesehen, das heruntergespült worden war. Die Männer hatten daran gearbeitet, es vom Salondeck loszubekommen, und als die Welle es erwischte, hatten sie sich daran festgehalten. Als ich an die Oberfläche kam, schwamm ich los, um es zu erreichen. Es war nur etwa vier oder fünf Meter weg. Da waren bestimmt fünfzehn oder sechzehn Männer drauf, da bin ich mir sicher. Aber keiner half mir hinauf, alle beobachteten das Schiff. Alles, was mir übrigblieb, war ein Sprung aus dem Wasser, der mich hochbeförderte. Wir trieben ungefähr zwei Stunden im Wasser.

Senator Bourne: Als Sie vom Wasser auf dieses Faltboot gelangten, haben Sie da noch irgendetwas vom sinkenden Schiff gesehen?

Mr. Collins: In der Tat, Sir, ich sah noch das Heck.

Senator Bourne: Wo waren Sie auf dem Boot, als Sie vom Schiff hinweggespült wurden?

Mr. Collins: Mittschiffs, Sir.

Senator Bourne: Sie sagen, dass Sie das Heck gesehen haben, als Sie auf dem Faltboot waren?

Mr. Collins: Ja, Sir.

Senator Bourne: Haben Sie den Bug gesehen?

Mr. Collins: Nein, Sir.

Senator Bourne: Wie weit waren Sie vom Heck des Schiffes entfernt, als Sie nach oben kamen und auf das Faltboot kletterten?

Mr. Collins: Ich kann nicht genau sagen, wie weit ich von der Titanic entfernt war, als ich hochkam. Es war nicht weit, da ihre Lichter noch an waren. Diese erloschen erst, als sie das Wasser etwa mittschiffs überflutete.

Senator Bourne: Wenn ich das richtig verstehe, waren Sie mittschiffs des Bugs, als das Schiff sank?

Mr. Collins: Ja, Sir.

Senator Bourne: Sie wurden von einer Welle heruntergespült? Sie waren, wie Sie selbst vermuten, für zwei oder drei Minuten unter Wasser, schwammen dann fünf oder sechs Meter zu dem Faltboot und kletterten an Bord? Das Heck (des Schiffes) war immer noch über Wasser?

Mr. Collins: Das Heck war immer noch über Wasser.

Senator Bourne: Die Lichter brannten?

Mr. Collins: Ich kam an die Oberfläche und schaute um mich herum. Da sah ich die Lichter, sonst nichts; direkt vor mir war das Faltboot und machte mich auf den Weg dorthin.

Senator Bourne: Wie erklären Sie sich die Welle, die Sie mittschiffs heruntergespült hat?

Mr. Collins: Durch den Sogeffekt, den der Bug beim Eintauchen ins Wasser verursacht hat. Da waren vielleicht fünfzehn Menschen auf dem Boot, als ich dazukam. Da war ein Rettungsboot mit einem grünen Licht und wir dachten, das wäre ein anderes Schiff, nachdem die Titanic gesunken war. Wir begannen sofort zu rufen. Alles, was wir sahen, war das grüne Licht. Wir trieben für etwa zwei Stunden dahin, als wir die Toppmast-Lichter der *Carpathia* sahen. Als dann das Tageslicht kam, sahen wir auch die anderen Rettungsboote, die ganz in der Nähe waren. Als wir sie erspäht hatten, riefen wir sie an, woraufhin sie rüberkamen und einige unserer Leute übernahmen.

J. Joughin, Chefbäcker (brit. Untersuchung):

Ich ging auf dem Poopdeck nach steuerbord und fand mich plötzlich im Wasser wieder. Ich glaube nicht, dass ich den Kopf einmal unter Wasser hatte. Aber ich sah einiges an Treibgut. Ich schwamm dorthin und fand das Faltboot ("B") mit Lightoller und etwa 25 Männern darauf. Es war kein Platz mehr für mich. Ich versuchte hinaufzuklettern, wurde aber weggedrückt; also hing ich mich ans Boot. Schließlich gelangte ich auf die andere Seite, wo mich Koch Maynard erkannte, mir half und mich hochzog.

Die Erlebnisse meines Mitpassagiers auf diesem Schiff, John B. Thayer, jr., sind in zwei Berichten enthalten, die er am 20. und 23. April, direkt nach dem Anlegen der *Carpathia*, verfasste: der eine Bericht war das einzige Statement, das er der Presse gab, das andere ein sehr pathetischer Brief, den er an Richter Charles L. Long aus Springfield, Massachusetts sandte; dessen Sohn, Milton C. Long, war am Abend dieses 14. Aprils an der Seite des jungen Thayer, bis sie schließlich beide ins Meer sprangen, wo Long sein Ende fand:

Im Glauben, dass Vater und Mutter bereits in einem der Boote abgelegt hatten, gingen Long und ich rüber zur Steuerbordseite des Bootsdecks, wo die Boote in schneller Reihenfolge ablegten. Einige sah man nur noch schwach in der Ferne. Unser Plan war, in eines dieser Boote, dem letzten steuerbord voraus, zu gelangen, aber da standen schon so viele Menschen drumherum, dass wir es für unklug hielten, auch nur zu versuchen dort hineinzukommen. Ich dachte, es würde nie aufrecht ins Wasser gelangen, was sich aber als falsch erwies.

Ich bemerkte hier niemanden, den ich kannte, mit der Ausnahme von Mr. Lingrey, den ich an diesem Abend erst kennengelernt hatte. Wenige Minuten später hatte ich ihn aus den Augen verloren. Dann standen Long und ich an der Reling nur wenige Meter hinter der Kapitänsbrücke. Das Schiff krängte so stark nach backbord, dass ich dachte, es würde sich komplett auf die Seite legen.

Ungefähr zu der Zeit begann die Leute vom Heck zu springen. Auch ich hatte an diese Möglichkeit gedacht, hatte aber Angst, beim Aufprall auf das Wasser das Bewusstsein zu verlieren. Dreimal hatte ich mich schon entschlossen rauszuspringen, an einem der Taue der Ladebäume herunterzurutschen und zu den Booten zu schwimmen, die rund um das Schiff verstreut lagen; aber jedes Mal hielt mich Long zurück und bat mich, noch eine Weile zu warten. Anhand eines Sterns und eines Taus zwischen den Ladebäumen konnte ich feststellen, dass das Schiff langsam sank. Es richtete sich mehr und mehr auf und tauchte immer schnell ab in einem Winkel von etwa dreißig Grad. Als der Untergang begann, verließen wir die Ladebäume, gingen nach achtern und standen an der Reling, ungefähr auf Höhe des zweiten Schornsteins. Long und ich standen nebeneinander und sprangen auf die Reling. Wir tauschten keine Nachrichten aus, die jeder für den anderen den Angehörigen zuhause überbringen sollte, da keiner von uns glaubte, dass wir diese jemals wiedersehen würden. Long saß mit den Beinen nach vorne auf der Reling, während ich rittlings darauf saß. Dann ließ er sich über die Seite fallen, hielt sich mit den Händen am Geländer fest, schaute auf zu mir und sagte: "Du kommst doch nach, mein Junge, oder?" Ich erwiderte: "Mach schon, ich bin in ein paar Sekunden bei dir." Dann ließ er los, rutschte die Seite hinunter und ward nie wiedergesehen. Direkt nachdem er gesprungen war, tat ich es ihm gleich. All dies dauerte nur ganz kurze Zeit und als wir sprangen, waren wir nur noch etwa neun Meter über Wasser. Long war die ganze Zeit sehr ruhig und hatte seine Nerven bis zum Schluss im Griff."

Wie er selbst sank und schließlich das gekenterte Boot erreichte, wird in meiner persönlichen Erzählung detailliert beschrieben. Dann fuhr er wie folgt fort.

"Sobald wir andere Boote in der Ferne sahen, schrien wir "Schiff ahoi!". Aber man konnte unsere Rufe nicht von denen der anderen unterscheiden, also gaben wir es auf; es hatte keinen Sinn. Es war sehr kalt und die ganze Zeit über spülte das Wasser über das gekenterte Boot. Kurz bevor der Morgen dämmerte, kam der Wind auf, machte die See rauer und damit das Balancieren auf dem Boot schwerer. Der Telegraphist verlieh uns neue Hoffnung, als er sagte, dass die *Carpathia* in etwa drei Stunden da sein würde. Gegen 3:30 oder 4 Uhr sagen einige Männer im Bug ihre Mastlichter. Ich selbst konnte das nicht, da ich am Boden saß und ein Mann auf meinem Bein kniete. Als er aufstand, konnte ich mich auch aufrichten. Wir hatten den Zweiten Offizier, Mr. Lightoller, an Bord. Er hatte eine Offizierspfeife bei sich und gab den anderen Booten so zu verstehen, dass sie herkommen und uns aufnehmen sollten. Zwei Boote kamen der Aufforderung nach. Das erste Boot übernahm die eine Hälfte, das andere den Rest, mich selbst eingeschlossen. Während des Transfers hatten wir Schwierigkeiten, das Boot auszubalancieren, da sich die Männer zu weit rauslehnten. Aber schließlich waren wir alle auf den bereits überfüllten Booten und wurden sicher zur *Carpathia* gebracht."

Eines dieser Boote war die Nr. 4, in dem seine Mutter saß.

KAPITEL VII - STEUERBORD: FRAUEN ZUERST, ABER MÄNNER, WO KEINE FRAUEN SIND

Die Bedingungen, die auf der Backbordseite herrschten, konnte ich aufgrund meiner eigenen, persönlichen Erfahrungen beschreiben – wie in den ersten fünf Kapitel dargelegt. Das vorherige Kapitel VI stammt aus extensiven Studien offizieller und verlässlicher Informationen, welche die Ereignisse auf dieser Seite des Schiffes aus der Sicht anderer Passagiere beschreiben. Die gleiche Zeit und Sorgfalt habe ich dafür verwendet herauszufinden, was auf der Steuerbordseite passiert ist. Die geordneten Aussagen in diesem Kapitel sind die Quintessenz dessen, was meine Mitpassagiere auf dieser Seite des Schiffes erlebten, wo ich mich nur die letzte halbe Stunde bevor das Schiff auf Grund sank aufgehalten habe – nachdem alle Passagiere aufgrund der großen Schlagseite nach Backbord dorthin beordert worden waren und nach der Abfahrt des letzten Bootes "D" von der Backbordseite. Während dieser halben Stunde, die mir sehr viel kürzer erschien, konzentrierte sich meine gesamte Aufmerksamkeit auf die Arbeit der Crew und ihre vergeblichen Versuche, das vom Dach des Offiziersquartiers gerutschte Engelhardt-Boot "B" zu Wasser zu lassen. Alle Boote der Steuerbordseite hatten das Schiff bereits verlassen, bevor ich dort hinüberkam.

Viele der Missverständnisse, die es in der öffentlichen Wahrnehmung gab, beruhten auf der Unkenntnis der tatsächlichen Größe des Schiffes und dem Unvermögen zu verstehen, dass nicht an jedem Punkt der Titanic dieselben Bedingungen herrschten und dass nicht jeder Augenzeuge jede einzelne Szene genauso wahrnahm wie alle anderen. Man versinnbildliche sich die schiere Größe des Schiffes, 269 Meter Länge über alles, 28 Meter Breite über alles und so viele Decks, elf insgesamt; Man zählte das Dach des Offiziershauses als oberstes Deck, dann das Bootsdeck, die Decks A, B, C, D, E, F, G und zwei weitere im Schiffsraum. Meinen New Yorker Freunden gegenüber versuchte ich diese Dimensionen immer so zu illustrieren, dass ich ihnen versuchte zu erklären, wie unmöglich es für einen Menschen war, der an der Ecke 50. Straße und Fifth Avenue stand, zu wissen, was an der Ecke 52. Straße und Madison Avenue passierte. Genau deswegen ist es sehr leicht zu erklären, warum sich der Blickwinkel eines Überlebenden von dem eines anderen unterschieden mag.

Ebenso muss man berücksichtigen, dass sich der Unfall gegen Mitternacht ereignete; obwohl die Nacht hell und sternenerleuchtet war und die elektrischen Lichter des Schiffes fast bis zum Ende brannten, konnte man selbst vertraute Gesichter nur verlässlich erkennen, wenn sich diese in unmittelbarer Nähe befanden.

Meine Nachforschungen haben ergeben, dass die Schiffsoffiziere auf der Steuerbordseite nicht die Order "Frauen und Kinder zuerst" ausgegeben hatten. Allerdings liegen mir auch Aussagen von Dr. Washington Dodge, John B. Thayer, Jr., Mrs. Stephenson und einigen Mannschaftsmitgliedern vor, die vor dem britischen Untersuchungsausschuss ausgesagt haben, aus denen hervorgeht, dass es wohl irgendeine Art Kommando gegeben haben muss, welches die Frauen nach backbord und die Männer nach steuerbord geschickt haben soll; aus diesem soll auch hervorgegangen sein, dass man auf der Backbordseite keine Männer in die Boote lasen würde, sondern erst auf der Steuerbordseite, nachdem die Frauen versorgt waren. Wenn das wirklich der Befehl war, wurde er auf den Punkt ausgeführt. Mir kam es schon auf dem Schiff verdächtig vor, dass beim Beladen der Boote auf der Steuerbordseite keinerlei Frauen anwesend waren, während es auf der Backbordseite, vom Beladen des ersten bis zum letzten Boot, nie an einstiegsbereiten Frauen mangelte. Erst als wir das letzte Boot "D" beluden, rannten mein Freund Clinch Smith und ich selbst die Backbordseite entlang und riefen: "Sind da noch mehr Frauen?" Dies hatte auch Offizier Lightoller bezeugt, der für das Beladen der Boote auf der Backbordseite verantwortlich war.

BOOT NR. 7

Keine Unordnung beim Beladen und Abfieren des Bootes.

Passagiere: Damen Bishop, Earnshaw, Gibson, Greenfield, Potter, Snyder, und Fräuleins Gibson und Hays; Herren Bishop, Chevre, Daniel, Greenfield, McGough, Marechal, Seward, Sloper, Snyder, Tucker.

Von Boot Nr. 5 übernommen: Mrs. Dodge und ihr Junge; Herren Calderhead und Flynn.

Mannschaft: Matrosen: Hogg (verantwortlich), Jewell, Weller.

Gesamt: 28.

VORKOMMNISSE

Archie Jewell, Ausguck (brit. Untersuchung):

Ich wurde durch den Zusammenstoß geweckt und rannte sofort auf Deck, wo ich eine Menge Eis liegen sah. Alle rannten wieder hinunter, um sich anzukleiden. Der Bootsmann rief alle Mann an Deck. Ging zum Boot Nr. 7. Das Schiff hatte gestoppt. Alle Mann machten die Boote bereit, arbeiteten an den Ladebäumen und richteten diese aus. Mr. Murdoch befahl, das mit Frauen und Kindern besetzte Boot Nr. 7 bis zur Reling abzufieren. Drei oder vier französische Passagiere stiegen ein. Dann wurde Nr. 7 vom Bootsdeck abgefiert. Der Befehl lautete, an der Gangway zu warten. Es war das erste Boot, das von der Steuerbordseite zu Wasser gelassen wurde. Als das Boot von der Schiffsseite ablegte, glaubte man, dass die Titanic gleich sinken würde und alle anderen Boote waren bereits im Wasser

Der Zeuge sah wie das Schiff sehr langsam über Bug sank. Die anderen Rettungsboote waren schon weiter weg, seines noch am nächsten. Dann ruderte man Nr. 7 weiter hinaus aufs Meer; etwa eine halbe Stunde später, oder anderthalb Stunden, nachdem dieses Boot abgefiert worden war, und nun knapp 200 Meter entfernt lag, begann die Titanic vollständig zu sinken. Er sah, wie das Heck sich senkrecht in die Luft hob und die Lichter immer noch brannten. Nach wenigen Momenten begann sie schnell unterzugehen und er hörte zwei oder drei Explosionen, genau in dem Moment, als sie senkrecht stand. Nr. 7 zog keine Leichen aus dem Wasser. Bei Tagesanbruch sah man eine Menge Eisberge rings um das Boot und erreichte die *Carpathia* schließlich gegen neun Uhr. Im Boot gab es keinen Kompass und keine Lampe. (Das gerade gesagte findet sich im Wesentlichen auch in der Aussage des nächsten Zeugen).

G. A. Hogg, Vollmatrose (am. Untersuchung):

Ich zählte 42, als das Boot von der Seite des Schiffes abgestoßen wurde. Ich fragte eine Dame, ob sie steuern konnte, was diese bejahte. Dann fuhren wir kreuz und quer und suchten nach Menschen. Ein Mann sagte: "Wir haben unser Bestes getan, da sind keine weiteren Menschen mehr. " ich sagte: "Sehr gut, dann machen wir, dass wir wegkommen. " Das Wasser war glatt wie Glas, kein einziges Kräuseln irgendwo zu sehen.

Mrs. H. W. Bishop, Passagier der Ersten Klasse (am. Untersuchung):

Der Kapitän unterhielt sich leise mit Colonel Astor. Dann kam er zurück und sagte sechs von uns, die bei seiner Frau standen, dass wir besser unsere Rettungswesten anziehen sollten. Bevor ich den Kapitän das sagen hörte, war ich schon zwei Treppen nach unten geeilt, um mit meinem Mann zu reden, der kurz in unsere Kabine zurückgekehrt war. Als wir wieder nach oben kamen, waren sehr wenige Menschen auf Deck. Es war wenig Aufregung zu spüren – nur die älteren Frauen waren etwas verängstigt. Auf der Steuerbordseite des Bootsdecks sah ich nur zwei Leute – eine junge französische Braut und ihren Bräutigam. Zu dieser Zeit war bereits ein älterer Mann zu uns heraufgekommen und hatte Mr. und Mrs. Harder aus New York gefunden. Er brachte uns alle zusammen und schärfte uns ein zusammenzubleiben – und dass er in einem kurzen Moment zurücksein würde. Wir haben ihn nie wiedergesehen.

Ungefähr fünf Minuten später wurden die Boote abgefiert und wir hineingestoßen. Unseres war Rettungsboot Nr. 7. Mein Mann wurde mit mir zusammen hineingedrückt und dann wurden wir mit 28 Menschen insgesamt nach unten gelassen. Gezählt haben wir, nachdem wir das Wasser erreicht hatten. Es waren nur etwa zwölf Frauen, der Rest waren Männer – drei Mannschaftsmitglieder und dreizehn männliche Passagiere; einige unverheiratete Männer; drei oder vier Ausländer darunter. Etwas später übernahmen wir fünf weitere Leute von einem anderen Boot, das machte dann 35 in unserem. Dann ruderten wir immer weiter weg, da die meisten Frauen Bedenken hatten wegen des Sogeffektes. Es gab weder einen Kompass noch eine Lampe. Fünf oder zehn Minuten nach fünf Uhr erreichten wir die *Carpathia*. Soweit ich das beurteilen kann, war das Verhalten der Mannschaft außerhalb jeder Kritik. Eines der Crew-Mitglieder in unserem Boot war Jack Edmonds (?), ein weiteres der Ausguck (Hogg), den wir alle sehr bedauerten. Er hatte seinen Bruder verloren.

D. H. Bishop, Passagier der Ersten Klasse (am. Untersuchung):

An der Seite des Rettungsbootes war ein Offizier postiert. Als die Frau des Zeugen einstieg, fiel er selbst auch hinein. Der französische Flieger Marechal war im Boot; ebenso Mr. Greenfield und dessen Mutter. Auf Deck herrschte keinerlei Panik, als die Boote beladen wurden; es gab keinen Ansturm. Der Zeuge stimmt mit seiner Frau soweit überein, dass 28 Personen im Boot waren, allerdings ist er auch der Meinung, dass einige übersehen wurden. Eine Frau mit einem Baby wurde von einem anderen Rettungsboot transferiert. Der Zeuge hat selbst gesehen, dass Nr. 7 das erste Boot war, das von der Steuerbordseite abgefiert wurde. Er hörte keinen Befehl, der den Männern angeordnet hätte zurückzutreten, oder "Frauen zuerst" oder "Frauen und Kinder zuerst" in die Boote zu verladen. Dies gilt bis zu dem Zeitraum, als sie selbst abgefiert wurden.

J. R. McGough's eidesstattliche Erklärung (am. Untersuchung):

Nachdem wir uns die Rettungswesten besorgt hatten, ging wir zurück zum obersten Deck und entdeckten, dass der Befehl zum Ablassen der Rettungsboote gegeben worden war und dies auch bereits umgesetzt wurde. Man rief Frauen und Kinder auf, die Boote zuerst zu bemannen. Die Frauen, als auch deren Männer, machten aber keine Anstalten, in die Boote zu steigen. Als er in gerade in eine andere Richtung schaute, spürte er, wie er an der Schulter gepackt und von einem Offizier umgedreht wurde. Dieser versetzte ihm einen Stoß und sagte: "Bitte, Sie sind ein stattlicher Kerl, rein mit Ihnen ins Boot."

Mit insgesamt 28 Menschen wurde das Boot zu Wasser gelassen. Dazu kamen fünf weitere, die von einem anderen Boot transferiert wurden. Einige von uns verlangten nach Trinkwasser. Erst als wir die *Carpathia* erreicht hatten, erfuhren wir, dass es auch in unserem Boot einen Wassertank und Kräcker gab. Es gab keine Lampe.

Mrs. Thomas Potter, Jr. Aus einem Brief:

Es gab keine Anzeichen von Panik. Mehr als alles andere schienen die Menschen fassungslos zu sein . . . . Über zwei Stunden beobachteten wir das allmähliche Sinken des Schiffes – wie die Reihen der Lichter nach und nach verschwanden, eine nach der anderen und in immer kürzeren Abständen, der Bug tief im Wasser, als ob er jeden Moment absinken wollte. Nachdem die letzten Lichter ausgegangen waren, etwa zehn Minuten vor ihrem Ende, erschien sie wie ein riesiges, lebendes Wesen, das einen letzten, übermenschlichen Versuch unternehmen wollte sich aufzurichten; und dann versagten ihre Kräfte und sie tauchte ab, Bug voraus, in die unmessbaren Tiefen unter ihr.

Außer, als wir versuchten, von dem sinkenden Schiff wegzukommen, ruderten wir nicht, aber blieben mit einem anderen Boot vertäut, bis die *Carpathia* kurz vor Sonnenaufgang in Sicht kam.

BOOT NR. 5

Keine Unordnung beim Beladen und Abfieren des Bootes.

Passagiere: Damen Cassebeer, Chambers, Crosby, Dodge und ihr Junge, Frauenthal, Goldenberg, Harder, Kimball, Stehli, Stengel, Taylor, Warren, und Fräuleins Crosby, Newson, Ostby und Frolicher Stehli.

Herren: Beckwith, Behr, Calderbead, Chambers, Flynn, Goldenberg, Harder, Kimball, Stehli, Taylor.

Von den Frauen verabschiedet und mit dem Schiff gesunken: Kapitän Crosby, Mr. Ostby und Mr. Warren.

Von Deck in das abfierende Boot gesprungen: der deutsche Arzt Frauenthal und Bruder Isaac, P. Maugé.

Mannschaft: Dritter Offizier Pitman. Matrosen: Olliver, Quartiermeister; Heizer Shiers; Stewards, Etches, Guy. Eine Stewardess.

Gesamt: 41.

VORKOMMNISSE

H. J. Pitman, Dritter Offizier (am. und brit. Untersuchung):

Ich fierte Boot Nr. 5 ab, bis es auf einer Höhe war mit der Reling des Bootsdecks. Ein Mann in einem Morgenmantel meinte, dass wir uns beeilen und das Boot mit Frauen und Kindern beladen sollten. Ich sagte: "Ich warte auf die Befehle des Kommandierenden Offiziers", woraufhin er erwiderte

"Nun gut", oder etwas Ähnliches; dann dämmerte es mir, aufgrund der Beschreibung, die man mir irgendwann gegeben hatte, dass dies Mr. Ismay gewesen war. Ich ging zur Brücke, traf dort Kapitän Smith und erzählte ihm, dass ich vermutlich Mr. Ismay getroffen hatte und er wollte, dass wir das Boot mit Frauen und Kindern zu Wasser lassen sollten. Er sagte: "Tun Sie das, weitermachen." Ich ging zurück, bestieg mein Boot und rief: "Kommen Sie, Ladies." Die Menge war sehr groß. Mr. Ismay half den Damen beim Einsteigen. Das Boot war fast voll, als ich fragte, ob noch irgendwo weitere Damen waren. Als keine mehr zu finden waren, erlaubte ich einigen Männern einzusteigen. Dann sprang ich zurück aufs Schiff. Mr. Murdoch sagte: "Sie übernehmen das Kommando über dieses Boot und halten sich an der Gangway nach achtern auf." Ungefähr dreißig (brit. Untersuchung) bis vierzig Frauen waren im Boot, zwei Kinder, ein halbes Dutzend männliche Passagiere und vier Mannschaftsmitglieder. Wären da mehr Frauen in der Nähe gewesen, hätten weniger Männer Platz gehabt – aber da waren keine. Murdoch schüttelte mir die Hände und sagte: "Auf Widersehen und viel Glück!". Ich sagte: "Abfieren!" Dieses Boot war das zweite auf der Steuerbordseite, das zu Wasser ging. Es war keine Lampe an Bord.

Das Schiff stellte sich senkrecht auf, bis es lotrecht unterging. Es ist nicht entzweigebrochen. Ich habe gehört, dass viele Leute meinten, sie hätten Explosionen der Heizkessel wahrgenommen, aber ich bezweifle das. Ich wüsste nicht, warum die Kessel hätten explodieren sollen, da war ja kein Dampf mehr drin. Man hatte sie zweieinhalb Stunden vorher angehalten. Es wurde nicht weiter geschürt, also war da so gut wie kein Dampf. Wenn es wirklich so passiert wäre, hätte ich das sicher aus unserer Entfernung vom Schiff beobachtet. Sobald das Schiff verschwunden war, sagte ich: "Auf, Männer, rudern wir zurück zum Unglücksort." Aber jeder im Boot meinte, das sei keine gute Idee, da wir lieber die Wenigen im Boot retten sollten, als zurückzufahren und von den Massen der im Meer Treibenden unter Wasser gedrückt zu werden. Mein Boot hätte schon noch ein paar mehr aufnehmen können – vielleicht sechzig insgesamt. Ich hatte das Boot Nr. 5 bereits in die Richtung, aus der die Hilferufe kamen, gedreht, wurde aber von den Passagieren von meinem Vorhaben abgebracht. Die Idee, Nr. 5 und Nr. 7 miteinander zu vertäuen, entsprang der Annahme, dass wir zusammen eine viel bessere Chance hatten wahrgenommen zu werden, sollte vor Sonnenaufgang irgendetwas in Sicht kommen. Zwei Männer und ein Kind wechselten rüber zu Nr. 7, um das Verhältnis ein bisschen auszugleichen.

H. S. Etches, Steward (am. Untersuchung):

Ich assistierte Mr. Murdoch, Mr. Ismay, Mr. Pitman und Quartiermeister Olliver, sowie zwei Stewards, beim Beladen und Abfieren von Nr. 7. Die

Herren wurden gebeten sich zurückzuhalten und den Frauen den Vortritt zu lassen. Im Boot Nr. 7 sah ich einen Jungen, ein Baby, mit einer kleinen Wollmütze. Dann arbeiteten wir an Boot Nr. 5. Nachdem alle Frauen vor Ort verladen waren, rief man dreimal – Mr. Ismay zweimal – mit lauter Stimme: "Sind da noch mehr Frauen, bevor dieses Boot abfährt?" Aber wir erhielten keine Antwort. Mr. Murdoch rief nochmal, und in diesem Moment kam eine Frau an, die er nicht erkannte. Mr. Ismay sagte: "Kommen Sie her, springen Sie hinein." Aber sie sagte: "Ich bin nur eine Stewardess." Darauf er: "Ganz egal – Sie sind eine Frau, nehmen Sie Platz." Das war die letzte Frau, die ich in Boot Nr. 5 einsteigen sah. Im Bug saßen zwei Heizer; Olliver, der Matrose, und ich selbst; und Offizier Pitman beorderte uns ins Boot und fierte es unter dem Kommando von Murdoch ab.

Senator Smith: Welche anderen Männer stiegen noch in das Boot?

Mr. Etches: Da war ein stämmiger Gentleman, Sir, der dann nach vorne trat. Er hatte dabei geholfen, seine Frau in das Boot zu verladen. Er lehnte sich nach vorne und sie stand auf, um ihre Arme um seinen Nacken zu legen. Sie küssten sich und ich hörte sie sagen: "Ich kann dich nicht alleinlassen." Dann wandte ich meinen Kopf ab. Im nächsten Moment sah ich ihn neben seiner Frau im Boden des Bootes sitzen und hörte eine Stimme sagen: "Werft diesen Mann da aus dem Boot!" Aber in diesem Moment begann sich das Boot abzusenken und der Mann blieb.

Senator Smith: Wer war er?

Mr. Etches: Ich kenne seinen Namen nicht, Sir, aber er war ein stämmiger Herr (Dr. H. W. Frauenthal).

Wir lagen etwa hundert Meter vom Schiff entfernt und warteten. Sie schien über Bug zu sinken und wir ruderten weitere vierhundert Meter weg. Dann legten wir die Ruderblätter an und warteten, bis die Titanic sank. Einmal schien sie sich anzuheben, als ob sie den finalen Tauchgang antreten wollte; dann wiederum stand sie still, als ob sie das Wasser aufgenommen und sich ausgependelt hatte. Schließlich schien sie sich ganz ruhig zu setzen, bis sie sich erhob, für etwa zwanzig Sekunden stillstand, das Heck in dieser Position (*zeigt nach oben*). Dann ging es mit einem grausamen Knirschen abwärts, wie bei einem kleinen Boot, das an einem Kiesstrand zu Wasser gelassen wird. Es gab keinen Wassereinbruch, oder so etwas Ähnliches. Dann befahl Mr. Pitman, zum Unglücksort zurückzurudern. Die Damen begannen sofort zu protestieren. Zwei Damen, die vor mir saßen, sagten: "Appelliert an den Offizier, nicht zurückzufahren. Warum sollten wir alle unser Leben verlieren beim nutzlosen Versuch, andere aus dem Schiff zu retten?" Wir fuhren nicht zurück. Als wir das Schiff verlassen hatten, waren 42 Personen in Boot Nr. 5, einschließlich der Kinder, sechs Mannschaftsmitgliedern und des Offiziers.

Zwei wurden zusammen mit einer Dame und einem Kind an Boot Nr. 7 übergeben.

Senator Smith: Können Sie sich erinnern, ob die Passagiere aufgefordert wurden, sich aus ihren Kojen zu erheben, und wann dies erfolgt ist, beziehungsweise, ob irgendein anderes Signal gegeben wurde?

Mr. Etches: Der zweite Steward (Dodd), Sir, war überall auf dem ganzen Schiff unterwegs. Er schickte einige Männer zu den Lagerräumen, um dort Proviant für die Rettungsboote zu holen; anderen sagte er, sie sollen alle Passagiere wecken und ihnen sagen, dass sie auf jeden Fall die Rettungswesten mitnehmen sollten.

In Nr. 5 gab es keine Lampe. Am Montagmorgen sahen wir eine riesige Eisscholle und drei oder vier auf dem Wasser verteilte Eisberge; in der anderen Richtung waren zwei große Berge in einiger Entfernung. Das Treibeis war zwischen vier und fünf Uhr morgens ungefähr eine Dreiviertelmeile entfernt. Es trieb genau an der Backbordseite in der Richtung, in der die Titanic gefahren wäre.

A. Olliver, Quartiermeister (am. Untersuchung):

Als ich hineinkam, waren bereits so viele Leute im Boot, dass ich noch nicht mal an den Spund kam, um diesen reinzumachen. Ich bat die Passagiere inständig, doch Platz zu machen, damit ich meine Arbeit verrichten konnte. Als wir dann das Wasser erreichten, kam auch prompt Wasser ins Boot. Daraufhin erkämpfte ich mir meinen Weg zum Spund mit Gewalt und drückte ihn hinein; andernfalls wären wir sofort gesunken. Als ich ins Boot kam, war kein Ansturm zu spüren. Ich hörte, dass Mr. Pitman den Befehl gab, zum Schiff zurückzufahren, und wie die Frauen ihn bedrängten, dies zu unterlassen. Da waren wir knappe dreihundert Meter entfernt. Fast alle hatten Einwände.

A. Shiers, Heizer (brit. Untersuchung):

Da waren keine Frauen mehr übrig. Ungefähr vierzig Frauen und Männer befanden sich im Boot. Unter den Offizieren und der Mannschaft herrschte Einigkeit. Als die Titanic unterging, sind wir nicht zurückgefahren. Die Frauen im Boot sagten: "Nicht zurückfahren!" Sie meinten: "Wenn wir zurückfahren, werden sie das Boot zum Sinken bringen." Im Boot war kein Kompass.

Paul Maugé, Ritz Küchenhilfe (brit. Untersuchung):

Die Koje des Zeugen befand sich im Korridor der Dritten Klasse. Als er geweckt wurde, ging er hinauf auf Deck. Dann ging er wieder hinunter und weckte den Chef. Als er durch die Kabinen der Zweiten Klasse ging, bemerkte er, dass sich dort die Küchenhelfer befanden und nicht aufs Bootsdeck gelassen wurden. Er sah, wie das zweite oder dritte Boot auf der Steuerbordseite zu Wasser gelassen wurde, und als sich dieses etwa drei Meter unterhalb des Bootdecks befand, sprang er hinein. Bevor er dies tat, bat er seinen Chef zu springen, aber der wollte nicht, da er zu fett war. (*Gelächter*). Er fragte ihn nochmal, als er im Boot saß, aber er verweigerte immer noch. Als sein Boot eines der unteren Decks der Titanic passierte, versuchte ein Mitglied der Crew ihn rauszuziehen. Er sah keine Passagiere, die daran gehindert wurden, hoch an Deck zu gehen. Er glaubt, dass es ihm gestattet worden war, weil er wie ein Passagier gekleidet war.

Mrs. Catherine E. Crosby's eidesstattliche Versicherung (am. Untersuchung):

Die vereidigte Zeugin ist die Witwe von Kapitän Edward Gifford Crosby und unternahm die Überfahrt mit ihm und ihrer gemeinsamen Tochter, Harriette R. Crosby.

Nach der Kollision stand Kapitän Crosby auf, zog sich an, ging hinaus, kam zurück und sagte zu ihr: "Wenn du hier liegenbleibst, wirst du ertrinken." Dann ging er wieder hinaus. Zu ihrer Tochter sagte er: "Das Schiff ist schwer beschädigt, aber ich denke, dass die wasserdichten Schotte es über Wasser halten werden."

Dann stand auch Mrs. Crosby auf, zog sich an und folgte ihrem Gatten auf Deck. Gleiches gilt für ihre Tochter. Sie stieg ins erste oder zweite Boot ein. Etwa 36 Personen waren mit ihr eingestiegen.

Es gab keinerlei ungleiche Behandlung zwischen Männern und Frauen. Ihr Ehemann wurde von ihr getrennt. Während sie umhertrieben, litt sie sehr unter der Kälte und einer der Offiziere (Pitman) bedeckte ihren Körper und ihren Kopf mit einem Segel, um sie warmzuhalten.

George A. Harder, Passagier der Ersten Klasse (am. Untersuchung):

Als wir abgefiert wurden, geschah das an einer Seite des Bootes schneller als an der anderen. Nach einigem Schrecken erreichten wir das Wasser aber sicher. Jemand sagte, dass der Spund nicht drin war, und dass sie das Boot nicht vom Takel lösen konnten. Schließlich fand man ein Messer und durchtrennte das Tau. Wir hatten etwa 42 Leute im Boot – ungefähr dreißig Frauen, Offizier Pitman, ein Matrose und drei Männer aus der Mannschaft. Wir ruderten ein gutes Stück vom Schiff weg – vielleicht zwei- oder vierhundert Meter. Wir hatten Angst vor der Sogwirkung. Einige Passagiere meinten: "Lasst uns noch etwas weiter rudern." Das tat man. Dann kam dieses andere Boot, Nr. 7, des Weges. Wir machten längsseits fest. Dort waren 29 Menschen an Bord, wir zählten bei uns 36; also gaben wir ihnen vier oder fünf unserer Leute, um das Verhältnis auszugleichen.

Nachdem das Schiff untergegangen war, hörten wir viele Schreie und fortwährendes, gellendes Kreischen und Wehklagen. Am Morgen zählte ich ungefähr zehn Eisberge. Unser Boot hielt sich ganz gut. Es stimmt, dass der Offizier zurückfahren wollte zum Schiff, die Passagiere ihn aber zurückhielten und sagten: "Tun Sie das nicht; das wäre sehr töricht; da wären so viele um uns herum, dass das Boot zum Sinken gebracht werden würde." Im Boot war keine Lampe.

C. E. H. Stengel, Passagier der Ersten Klasse (am. Untersuchung):

Senator Smith: Haben Sie gesehen, ob irgendein Mann versucht hat, in diese Rettungsboote zu gelangen, obwohl es ihm verboten worden war?

Mr. Stengel: Ich habe sogar zwei gesehen. Ein gewisser Arzt aus New York und sein Bruder sind ins selbe Boot gesprungen, in dem meine Frau saß. Dann sagte der Offizier, oder der Mann, der die Boote belud: "Das wird aufhören, ich gehe runter und hole meine Waffe." Augenblicklich verließ er das Deck und war sofort zurück. Außer den beiden Gentlemen, die in das Boot gesprungen sind, als es abgefiert wurde, habe ich niemanden mehr gesehen, der das probiert hätte.

Senator Bourne: Waren da noch viele Frauen und Kinder in der Nähe, als man Ihnen den Zugang zu dem Boot verwehrte, in dem ihre Frau war?

Mr. Stengel: Nein, Sir, keinesfalls. Die beiden Gentlemen hatten ihre Frauen in das Boot gesetzt und standen am Rand des Decks; als sich das Boot absenkte, sind sie gesprungen. Ich sah nur die zwei.

N. C. Chambers, Passagier der Ersten Klasse (am. Untersuchung):

In Bezug auf Boot Nr. 5, das offensichtlich ausreichend beladen war, sagt der Zeuge: "Meine Frau sagte, dass sie dieses Boot nehmen würde, begann einzusteigen und rief mir zu, zu kommen. Da ich genau wusste, dass sie wieder aussteigen würde, wenn ich nicht kam, sprang ich schließlich hinein – obwohl es mir den Anschein hatte, dass es nicht ratsam war, dort noch mehr Menschen einzuladen. Wenn ich mich recht erinnere, waren da zwei weitere Männer, die von ihren Frauen gerufen wurden und nach mir hineinsprangen. Einer von ihnen, ein Deutscher, wie ich glaube, erzählte mir später auf der *Carpathia*, dass er sich umgesehen hatte und niemanden mehr sah – schon gar keinen, den er hätte fragen könne, ob er einsteigen dufte; also ist er reingesprungen. " Der Zeuge beschreibt weiter, wie schwierig es war herauszufinden, ob der Spund drin war oder nicht, und erinnert sich, dass jemand von oben rief: "Es ist in eurem eigenen, verfluchten Interesse, dass ihr den Spund irgendwie da reinbekommt."

Mrs. C. E. H. Stengel, Passagier der Ersten Klasse, schreibt wie folgt:

"Als ich ins Rettungsboot stieg, sagte ein verantwortlicher Offizier: "Niemand mehr, das Boot ist voll." Mein Mann trat zurück und gehorchte dem Befehl. Als das Boot abgefiert wurde, sprangen vier Männer absichtlich hinein. Einer von ihnen war ein hebräischer Doktor – ein anderer dessen Bruder. Dabei riskierten die Männer das Leben aller anderen Insassen. Die zwei Begleiter dieses Mannes waren die beiden, die später auf Boot Nr. 7 transferiert wurden, mit dem wir vertäut waren. Der Mann selbst wog bestimmt 120 Kilo und trug zwei Rettungswesten. Die Männer, die reingesprungen sind, trafen mich und ein kleines Kind. Ich wurde bewusstlos und zwei Rippen waren stark geprellt. Mit dieser Ausnahme gab es aber absolut kein Durcheinander oder Unordnung beim Beladen des Bootes."

Mrs. F. M. Warren, Passagier der Ersten Klasse:

. . . Anschließend sind wir zurück in unsere Kabinen gegangen, zogen die schweren Westen an und gingen zurück zum großen Treppenaufgang zum D-Deck, wo wir andere Passagiere und Crewmitglieder bezüglich der Gefahr befragten. Während wir dastanden, eilte Mr. Andrews, einer der Konstrukteure des Schiffes, vorbei und die Treppen hinauf. Man fragte ihn, ob wir in Gefahr waren, aber er gab keine Antwort. Aber ein anderer Passagier, der ebenfalls gerettet wurde, erzählte mir, dass sein Gesicht von Schrecken erfüllt war. Unmittelbar danach ging die Meldung herum, dass das Wasser die Squashplätze, welche direkt unter uns waren, erreicht hatte und das Gepäck bereits unter Wasser stand.

Nachdem wir das Bootsdeck auf der Steuerbordseite erreicht hatten, waren da augenscheinlich nur sehr wenige Passagiere, aber es war dunkel und wir konnten nicht schätzen, wie viele es tatsächlich waren. Austretender Dampf verursachte ohrenbetäubenden Lärm, den wir drinnen nicht wahrgenommen hatten.

Die einzigen Menschen, die wir mit Sicherheit gesehen haben, mit Ausnahme einer jungen Frau namens Miss Ostby, die von ihrem Vater getrennt worden war und bei und war, waren Mr. Astor, dessen Frau und einige Diener. Sie standen in der Nähe eines der Boote, das zum Abfieren vorbereitet wurden. Aber die Astors stiegen nicht ein, sondern gingen allesamt wieder rein ins Schiff. Ich habe sie nicht wiedergesehen, außer als Mrs. Astor an Bord der *Carpathia* genommen wurde.

Wir entdeckten, dass das Boot hinter dem, an dem die Astors gestanden hatten, auf Deckebene abgelassen wurde; also gingen wir darauf zu und wurden von den verantwortlichen Offizieren gebeten einzusteigen. In diesem Moment strömten jede Menge Männer und Frauen auf diese Stelle zu. Ich war die zweite Person, der hineingeholfen wurde. Ich nahm an, dass Mr. Warren mir gefolgt war, sah aber, als ich mich umdrehte, dass er weiter hinten stand und den Frauen beim Einsteigen half. Die Menschen bewegten sich in dieser Dunkelheit so schnell und durcheinander, dass es unmöglich war, sie zu unterscheiden; ich habe ihn nie wiedergesehen.

Das Boot wurde von Offizier Pitman kommandiert und von vier Männern der Titanic bemannt. Das Abfieren des Bootes gelang nur unter großen Schwierigkeiten. Erst hing das eine Ende, dann das andere, in einem sehr gefährlichen Winkel. Wir hatten große Bedenken, dass das Boot untergehen würde, sobald wir das Wasser berühren.

Mr. Pitmans Befehl lautete, weit genug weg zu rudern, damit eine mögliche Sogwirkung beim Sinken des Schiffes umgangen werden könne. Das Meer war wie Glas, so glatt, dass sich sogar die Sterne spiegelten. Man ruderte uns eine große Entfernung weg und ruhte sich dann aus; mit schrecklicher Beklemmung beobachteten wir die Raketen und erkannten, dass das Schiff schnell über Bug sank. Es sank tiefer und tiefer, bis schließlich die unteren Lichter ausgingen; dann erhob sich plötzlich das Heck und die Titanic verschwand aus dem Sichtfeld. Wir hatten keine Lampe an Bord und befanden uns in dichtester Dunkelheit, mit Ausnahme einiger gelegentlicher Lichtreflexe von anderen Rettungsbooten und einem dauerhaften, grünen Licht, das auf einem der Boote montiert war – ein Licht, von dem die Offiziere der *Carpathia* später sagen würden, dass es essentiell dafür verantwortlich gewesen war, sie zur richtigen Stelle zu führen.

Mit dem Tageslicht nahm auch der Wind zu. Das Meer wurde kabbelig und wir sahen Eisberge in jeder Richtung; einige lagen tief im Wasser, andere standen heraus wie Schiffe. Einige von uns meinten tatsächlich, es seien welche. Ich war auf dem zweiten Boot, das aufgenommen wurde.

Vom Zeitpunkt des Zusammenstoßes bis wir das Schiff verlassen hatten, fiel nichts vor, das man auch nur ansatzweise als Panik bezeichnen konnte. Allerdings schien es eine Art zielloser Verwirrung und einen immensen Mangel an organisierten, konstruktiven Anstrengungen zu geben.

BOOT NR. 3

Keine Unordnung beim Beladen und Abfieren des Bootes.

Passagiere: Damen Cardeza und Zofe (Anna Hard), Davidson, Dick, Graham, Harper, Hays und Zofe (Miss Pericault), Spedden und Zofe (Helen Wilson) und Sohn Douglas und dessen Krankenschwester, Miss Burns, und Misses Graham und Shutes.

Männer: Herren Cardeza and Diener (Lesneur), Dick, Harper und Diener (Hamad Hassah) und Spedden.

Männer, die dabei geholfen haben, Frauen und Kinder ins Boot zu verladen und mit dem Schiff gesunken sind: Herren Case, Davidson, Hays und Roebling.

Mannschaft: Matrosen: Moore (verantwortlich). Forward Pascoe, Steward: McKay; Heizer: "5 oder 6"; oder "10 oder 12."

Gesamt: 40.

G. Moore, Vollmatrose. (am. Untersuchung):

Als wir Boot Nr. 3 hinausgeschwungen haben, sagte mir der Erste Offizier, dass ich ins Boot springen und den Damen hineinhelfen solle; und als da keine

Damen mehr waren, nahmen wir Männer an Bord. Wir hatten 32 Personen an Bord, als man uns abfierte. Zwei Matrosen waren darunter. Da waren auch einige männliche Passagiere und vielleicht fünf oder sechs Heizer. Sie kamen ins Boot, nachdem die Frauen und Kinder versorgt waren. Ich übernahm die Pinne.

Mrs. Frederick O. Spedden, Passagier der Ersten Klasse:

. . . Auf unserem Boot war sowohl eine Nummer drei, als auch eine Nummer fünf markiert. Ein Matrose erzählte mir, dass dies ein altes Boot war, das man von einem anderen Schiff übernommen hatte, und dass er sich nicht sicher war, welche Nummer nun die richtige war (offensichtlich die drei).

Einmal machten wir an einem anderen, mit Frauen gefüllten Boot fest, aber das Tau riss und wir wurden einige Zeit lang von den anderen Rettungsbooten getrennt. Insgesamt waren fast vierzig Menschen im Boot, einschließlich zehn oder zwölf Heizern im Bug, die anscheinend volle Kontrolle über den Steuermann hatten. Wegen ihrer Todesangst vor dem Sogeffekt nötigten sie diesen immer wieder dazu, den Männern zu befehlen, von der sinkenden Titanic weg zu rudern. Schon kurz nachdem wir gestartet waren, hatten wir zwei Ruderblätter verloren, aber obwohl einige der Passagiere ihnen bestätigten, dass der Sogeffekt überhaupt keine Gefahr darstellte, wollten sie nicht zurückfahren, um diese zu holen. Schon allein daraus erklärt sich die Tatsache, dass wir etwas weiter draußen waren, als das Schiff sank. Wir konnten den Steuermann nicht davon überzeugen umzukehren, bis wir die Lichter der *Carpathia* am Horizont sahen. Da zündeten wir etwas Papier an, da wir unsere Laterne nicht finden konnten. Als dann schließlich die Morgendämmerung anbrach, sah mein kleiner Junge Douglas die Berge rings um uns herum und bemerkte: "Oh, Mutti, schau doch, da ist der Nordpol, wo der Nikolaus lebt." Trotz der Tragik der Situation, konnten wir uns einem kleinen Lächeln nicht erwehren.

NOTFALLBOOT NR. 1

Keine Unordnung beim Beladen und Abfieren des Bootes.

Passagiere: Lady Duff Gordon und Zofe (Miss Francatelli).

Männer: Lord Duff Gordon und die Herren Solomon und Stengel.

Zwischensumme: 5.

Mannschaft: Matrosen: Symons (verantwortlich), Horswell. Heizer: Collins, Hendrickson, Pusey, Shee, Taylor.

Zwischensumme: 7.

Gesamt: 12.

VORKOMMNISSE

G. Symons, Vollmatrose. (brit. Untersuchung.):

Der Zeuge half unter Mr. Murdochs Führung dabei, die Nummern drei und fünf zu beladen, Frauen und Kinder zuerst. Als die beiden Boote unter seinen Augen abgefiert wurden, ging er zu Nr. 1. Mr. Murdoch beorderte einen weiteren Matrosen und einen Heizer hinein. Der Zeuge beobachtete, wie zwei Damen aus dem Salondeck rannten und fragten, ob sie noch einsteigen durften. Murdoch sagte: "Springen Sie hinein." Der Offizier schaute sich nach weiteren Frauen um, aber es waren keine mehr zu sehen. Dann ließ er abfieren, der Zeuge war dafür verantwortlich. Bevor er das Bootsdeck verließ, sah der Zeuge ein weißes Licht ungefähr anderthalb Strich backbord über Bug und etwa fünf Meilen entfernt.

Nachdem Boot Nr. 1 weg war, stand das Wasser bis hoch zum C-Deck, gerade dort, wo sich der Name des Schiffes befand. Der Zeuge ließ etwa 200 Meter vom Schiff wegrudern und befahl dann, die Ruderblätter anzulegen. Das Heck des Schiffes befand sich in der Luft. Die vorderen Lichter waren bereits verschwunden und nur noch das Mastlicht war zu sehen. Das Heck stand in einen Winkel von etwa 45 Grad aus dem Wasser heraus, die Schiffsschraube war bereits zu sehen. Man ruderte das Boot noch ein bisschen weiter weg, um dem Sogeffekt zu entgehen; dann wartete man und beobachtete.

Nachdem die Titanic untergegangen war, hörte er, wie Leute nach Hilfe schrien, hatte aber Angst davor zurückzufahren; obwohl noch für zehn oder zwölf Menschen mehr Platz im Boot war, hätte es sein können, dass die Überlebenden es sprichwörtlich überrannten. Er fühlte sich jederzeit als "Herr der Lage". Ungefähr einen Tag, bevor man in New York anlegte, erhielt der Zeuge völlig überraschend ein Geschenk von fünf Pfund von Sir Cosmo Duff Gordon.

Der Präsident: Sie stellen fest, dass sie überrascht waren, dass niemand im Boot vorschlug zurückzufahren und den ertrinkenden Menschen zu helfen?

Zeuge: Ja

Der Präsident: Warum waren Sie überrascht?

Zeuge: Ich hatte fest damit gerechnet, dass jemand diesen Vorschlag bringen würde.

Der Präsident: Es schien also vernünftig, dass so ein Vorschlag gemacht werden würde?

Zeuge: Ja, ich denke, es wäre vernünftig gewesen.

Der Präsident: In Amerika sagten Sie zu Senator Perkins, dass Sie vierzehn bis zwanzig Passagiere im Boot hatten?

Zeuge: Das dachte ich; es war ja dunkel.

Der Präsident: Das haben Sie aber so bei Ihrer Aussage nicht erwähnt.

Der Zeuge sagte, dass er seiner Auffassung nach gefragt worden ist, wie viele Menschen insgesamt in seinem Boot waren.

Der Generalstaatsanwalt: Sie wollen sagen, dass mit vierzehn oder zwanzig alle gemeint waren?

Zeuge: Ja.

Der Generalstaatsanwalt: Aber Sie wissen, dass Sie insgesamt nur zwölf waren?

Zeuge: Ja.

Der Präsident: Als Sie besagte Aussage gemacht haben, müssen Sie sehr wohl gewusst haben, dass sich in Ihrem Boot nur zwölf Leute befanden. Warum haben Sie in Amerika ausgesagt, dass da vierzehn oder zwanzig Menschen im Boot waren?

Zeuge: Ich weiß nicht; es war damals ein Fehler und die haben mich total durcheinandergebracht.

Der Generalstaatsanwalt: Das war eine sehr einfache Frage. Wussten Sie die Namen der Passagiere?

Zeuge: Ich erfuhr Sir Cosmo Duff Gordons Name, als wir in Amerika ankamen.

Der Generalstaatsanwalt: Haben Sie in Amerika etwas über den Erhalt der fünf Pfund ausgesagt?

Zeuge: Nein, Sir, ich wurde auch nicht danach gefragt.

Der Generalstaatsanwalt: Man hat Ihnen aber bezüglich des Zurückfahrens in Amerika dieselben Fragen gestellt, die wir auch heute vorbringen?

Zeuge: Ja, Sir.

Der Generalstaatsanwalt: Warum haben Sie dort nicht ausgesagt, dass Sie die Schreie hörten, aber in Ihrem Selbstverständnis als "Herr der Lage" trotzdem nicht zurückgefahren sind?

Zeuge: Man hat uns in Amerika dreierweise befragt und praktisch durch die Fragen gehetzt.

Der Generalstaatsanwalt: Man hat Sie gefragt: "Haben Sie einen Versuch unternommen, dorthin zu gelangen?" und Sie haben geantwortet: "Ja, wir fuhren zurück und konnten nichts sehen." Aber Ihr eigenes Ermessen haben Sie nicht erwähnt. Warum haben Sie diesen Teil der Geschichte nicht erzählt? Sie hatten erkannt, dass Sie nicht wenige Leute retten konnten, wenn Sie zurückgefahren wären?

Zeuge: Ja.

Der Generalstaatsanwalt: Das Meer war ruhig, die Nacht still und es hätte keine bessere Nacht gegeben, um Menschenleben zu retten?

Zeuge: Ja.

Es folgt die Aussage vor dem amerikanischen Untersuchungsausschuss, weswegen dieser Zeuge zur Rechenschaft gezogen wurde:

G. Symons, Vollmatrose. (am. Untersuchung.):

Ich hatte das Kommando über Boot Nr. 1.

Senator Perkins: Wie viele Passagiere hatten Sie darin?

Mr. Symons: Etwa vierzehn bis zwanzig.

Senator Perkins: Waren das Passagiere oder Mitglieder der Crew?

Mr. Symons: Man hat sieben Männer hereinbeordert, zwei Matrosen und fünf Heizer. Mr. Murdoch hat das angeordnet.

Senator Perkins: Wie viele Menschen waren es insgesamt?

Mr. Symons: Ich kann es nicht mit Sicherheit sagen; von vierzehn bis zwanzig. Dann kam das Kommando zum Ablegen.

Senator Perkins: Sie sind nicht mehr zum Schiff zurückgefahren?

Mr. Symons: Doch, wir kamen zurück, als das Schiff bereits gesunken war, aber da war nichts mehr.

Der Zeuge sagte dann aus, dass es keine Unordnung oder Aufregung unter den Passagieren gegeben habe. Es war, als passiere etwas ganz Alltägliches.

Er bemerkte keinerlei Ansturm auf die Boote. Er hörte die Schreie der Menschen im Wasser.

Senator Perkins: Sagten Sie, dass Ihr Boot mehr Menschen aufnehmen hätte können? Haben Sie versucht, welche zu finden?

Mr. Symons: Ja. Wir fuhren zurück, aber als wir da waren, sahen wir niemanden und hörten auch nichts mehr.

Er sagt, dass sein Boot leicht zehn Passagiere mehr vertragen hätte. Er hatte das Kommando und wurde von Mr. Murdoch in diese Position versetzt. Fuhr nicht zum Schiff zurück, bis es gesunken war.

Senator Perkins: Und so haben Sie keinen Versuch unternommen, weitere Menschen zu retten, nachdem Ihnen irgendjemand befohlen hatte, vom Schiff weg zu rudern?

Mr. Symons: Wir sind weggerudert und erst zurückgekommen, als das Schiff gesunken war.

Senator Perkins: Und dann waren da keine Leute mehr?

Mr. Symons: Nein, Sir, ich habe nie welche gesehen.

C. E. H. Stengel, Passagier der Ersten Klasse (am. Untersuchung):

Da gab es ein kleines Boot, das sie ein Notfallboot nannten; in dem saßen drei Personen, Sir Duff Gordon, seine Frau und Fräulein Francatelli. Ich fragte, ob ich einsteigen könne. Außer mir und den Leuten, die an den Booten arbeiteten, war niemand in der Nähe. Der Offizier sagte: "Springen Sie rein." Die Reling war ziemlich hoch. Ich sprang darauf und rollte mich sozusagen ins Boot. Der Offizier sagte: "Das ist das Lustigste, was ich heute Nacht gesehen habe", und lachte herzlich. Nachdem wir einen Teil des Weges nach unten hinter uns gebracht hatten, begann das Boot zu kippen und jemand "bellte", dass man aufhören sollte abzufieren. Ein Mann namens A. L. Soloman fragte ebenfalls, ob er zu uns einsteigen dürfe. Im Boot waren fünf Passagiere, drei Heizer und zwei Matrosen.

Senator Smith: Wissen Sie, wer die Anweisungen gab?

Mr. Stengel: Ich denke, dass das Sir Cosmo Duff Gordon und ich unter uns ausgemacht haben. Wir folgten einem Licht, das in Richtung des Schiffsbugs zu sehen war .... die meisten Boote ruderten dem entgegen; als aber die grünen Lampen zu brennen begannen, schlug ich vor, dass es wohl besser wäre, diesen zu folgen. Sie gehörten zu einem anderen Rettungsboot. Als ich in das Boot eingestiegen bin, hing es waagrecht an der Schiffsseite. Da ich nicht wirklich eingestiegen bin, sondern mehr hineinrollte, wäre ich bei einer anderen Position des Bootes wohl direkt ins Wasser gefallen; ich bin einfach gerollt. Unter den Eisbergen war einer, der mir besonders aufgefallen ist – ein sehr großer, der in etwa aussah wie der Fels von Gibraltar.

DIE DUFF GORDON EPISODE

Charles Hendricksen, Heizer (brit. Untersuchung):

Als das Schiff sank, zogen wir niemanden aus dem Wasser. Die Passagiere wollten nichts davon wissen zurückzufahren. Von den zwölf Menschen im Boot waren sieben von der Mannschaft. Symons, der das Kommando hatte, sagte nichts und wir alle hielten ebenfalls den Mund. Eine der Frauen, Lady Duff Gordon, gab zu Bedenken, dass wir unter Wasser gedrückt werden würden. Jeder im Boot hörte die Menschen, die um Hilfe riefen. Ich schlug vor zurückzufahren. Aber da blieb ich der einzige. Mr. Duff Gordon unterstützte seine Frau.

Nachdem wir von der *Carpathia* aufgenommen worden waren, schickte Gordon nach uns allen und sagte, er wolle uns ein Geschenk machen. Ich war überrascht, als ich am Tag nach der Ankunft in New York fünf Pfund von ihm bekam.

Hendricksen erinnert sich.

Kreuzverhör des Zeugen durch Sir Cosmo Duff Gordon's Anwalt.

Was sagten Sie noch bezüglich Sir Cosmos mutmaßlicher Aussage, die Sie vom Zurückfahren zurückgehalten hat?

Zeuge: Es war an uns zurückzufahren.

Sagte irgendjemand im Boot irgendetwas zu Ihnen bezüglich des Zurückfahrens?

Zeuge: Lady Duff Gordon sagte sinngemäß, dass man uns zum Sinken bringen würde, wenn wir zurückfuhren.

Wer erzählte zuerst, dass Sir Cosmo der Mannschaft ein Präsent überreichen wollte?

Zeuge: Der Heizer Collins kam an Bord der *Carpathia* zu mir herunter und sagte das.

Bevor wir die *Carpathia* verließen, wurden alle geretteten Leute zusammen fotografiert. Wir, die Mitglieder der Mannschaft, schrieben unsere Namen auf Lady Duff Gordons Rettungsweste. Vom ersten Moment, als wir vom Schiff wegruderten, bis zu dem Zeitpunkt, als das Schiff sank, war Lady Duff Gordon schwer seekrank und lag auf den Ruderblättern.

A. E. Horswell, Vollmatrose (brit. Untersuchung.):

Der Zeuge sagt aus, dass es durchaus sicher und das Richtige gewesen wäre zurückzufahren; es war sogar unmenschlich, dies nicht zu tun, aber er musste die Befehle des Steuermanns befolgen. Zwei Tage, nachdem er die Carpathia bestiegen hatte, sandte ein Gentleman nach ihm und er erhielt ein Geschenk.

J. Taylor, Heizer (brit. Untersuchung.):

Der Zeuge sagt aus, dass Boot Nr. 1 etwa hundert Meter entfernt wartete, um dem Sogeffekt zu entgehen, und etwa zweihundert Meter weg war, als die Titanic unterging. Er hörte, wie jemand den Vorschlag machte zurückzufahren, und ein weiblicher Passagier davon sprach, dass das Boot dabei untergehen würde.

Zwei Herren im Boot sagten, dass es gefährlich wäre.

Ist ihr Boot jemals in Reichweite ertrinkender Menschen gekommen?

Zeuge: Nein

Wie viele Menschen hätten noch ins Boot gepasst?

Zeuge: 25 oder 30, zusätzlich zu denen, die bereits drin waren.

Hatte jemand aus der Mannschaft Einwände zurückzufahren?

Zeuge: Nein.

Haben Sie jemals gehört, dass eine Bootscrew aus sechs Seeleuten und einem Heizer bestanden habe?

Zeuge: Nein.

Lord Mersey: Was hat Sir Cosmo Duff Gordon im Boot zu Ihnen gesagt?

Zeuge: Er sagte, dass er unseren Angehörigen und Frauen schreiben und ihnen mitteilen werde, dass wir in Sicherheit sind.

Der Zeuge bestätigt, dass er an Bord der *Carpathia* fünf Pfund erhielt.

R. W. Pusey, Heizer (brit. Untersuchung.):

Nachdem das Schiff untergegangen war, hörten wir für fünfzehn oder zwanzig Minuten diese Schreie. Wir fuhren nicht zurück in die Richtung, in der die Titanic gesunken war. Ich hörte einen der Männer sagen: "Wir haben unsere Ausrüstung verloren", und jemand antwortete: "Keine Sorge, wir geben euch genug, um eine neue zu kaufen." Ich war überrascht, dass niemand vorschlug zurückzufahren. Ich war überrascht, dass dies auch mir nicht einfiel, aber wir waren alle halb benommen. Heute ist mir klar, dass wir zurückfahren und einige Menschenleben hätten retten sollen. Ich hörte, wie Lady Duff Gordon zu Fräulein Francatelli sagte: "Du hast dein wunderschönes Nachtkleid verloren"; und ich sagte: "Machen Sie sich nichts daraus, Sie haben Ihr Leben gerettet, aber wir haben unsere gesamte Ausrüstung verloren"; und da bot Sir Cosmo an, uns eine neue zu besorgen.

Sir Cosmo Duff Gordon (brit. Untersuchung.):

Nr. 7 war das erste Boot, zu dem ich gegangen bin. Es wurde gerade beladen. Darin waren nur Frauen und das Boot wurde abgefiert. Nr. 3 war nur zum Teil mit Frauen gefüllt, und als da keine mehr waren, kamen Männer an die Reihe. Meine Frau wollte nicht ohne mich gehen. Einige Männer in Nr. 3 wollten sie mit Gewalt reinholen, aber sie wollte partout nicht. Ich hörte, wie ein Offizier sagte: "Boot Nr. 1 bemannen." Ich sagte zu ihm: "Dürfen wir in das Boot?" Er antwortete: "Mit Vergnügen, bitte tun Sie das." Er setzte die Damen hinein, dann folgten zwei Amerikaner und schließlich sagte er zu zwei oder drei Heizern, dass sie besser auch einsteigen sollten. Als das Boot nach unten ging, wurde mir bewusst, dass die Lage der Titanic sehr ernst war. Zu diesem Zeitpunkt war ich mir auch sicher, dass alle Frauen das Schiff verlassen hatten. Niemand in unserem Boot kümmerte sich um diese Schreie. Ich verschwendete keinen Gedanken daran, ob es möglich wäre zurückzufahren und einige Menschen zu retten. Den Männern im Boot versprach ich ein Geschenk.

Neben mir saß ein Mann, der ungefähr eine halbe Stunde, nachdem die Titanic gesunken war, zu mir sagte: "Ich schätze, Sie haben alles verloren?" Ich sagte: "Ja." Er sagte: "Ich vermute, Sie können das verschmerzen." Ich antwortete: "Ja." Er sagte: "Nun, wir alle haben unsere Ausrüstung verloren, und wir werden nicht von der Gesellschaft entschädigt; ab heute Nacht erhalten wir keinen Lohn mehr." Ich erwiderte: "Nun gut, ich werde jedem fünf Pfund für die Anschaffung einer neuen Ausrüstung geben."

Frage: Waren die Schreie von der Titanic deutlich genug, um die Worte "Mein Gott, mein Gott" zu verstehen?

Antwort: Nein. Das haben Sie sicher den Geschichten in den amerikanischen Zeitungen entnommen.

Frage: In seiner Aussage in New York sagte Mr. Stengel: "... dass Sir Cosmo Duff Gordon und ich die Richtung unter uns ausgemacht haben."

Antwort: Keineswegs, ich habe nie mit dem Steuermann gesprochen.

Lady Duff Gordon (brit. Untersuchung.):

Nachdem die drei Boote abgelegt hatten, standen mein Gatte und ich an Deck. Dann ging mein Mann hinauf und fragte, ob wir nicht in dieses Boot einsteigen durften, woraufhin der Offizier sehr höflich antwortete: "Es würde mich sehr freuen, wenn Sie das täten." Dann packte mich jemand am Rücken, hob mich hoch und zwängte mich in dieses Boot. Auch mein Mann und Fräulein Francatelli wurden hineingedrückt; und schließlich noch zwei Amerikaner auf uns drauf. Bevor die Titanic sank, hörte ich schreckliche Schreie.

Frage: In einem Artikel, der anscheinend mit Ihrer Unterschrift versehen ist, steht, dass der letzte Schrei, den Sie hörten, der eines Mannes war, der "Mein Gott, mein Gott" rief. Ist das wahr?

Antwort: Absolut falsch.

Rede von Mr. A. Clement Edwards, Mitglied des Parlamentes, Anwalt der Hafenarbeiter-Gewerkschaft (brit. Untersuchung.):

Bezüglich der Duff Gordon-Begebenheit sagte er, dass die Beweislage aufzeigt, dass in einem der Boote nur sieben Seeleute und fünf Passagiere saßen. Nehmen wir dies als richtig an, wäre in diesem Boot noch Platz für 28 weitere Passagiere gewesen.

Die primäre Verantwortlichkeit für diesen Missstand muss notwendigerweise dem Mannschaftsmitglied zugerechnet werden, das verantwortlich für das Boot war – Symons; wie verwerflich das Verhalten anderer Passagiere dieses Bootes auch gewesen sein mag, kann es ihn dennoch nicht von seiner Verantwortung entbinden.

Da war dieses Boot, nicht weit entfernt vom Schiff, so nah, dass man die Schreie der um ihr Leben kämpfenden Menschen hören konnte. Symons wurde befohlen, beim Schiff zu warten, und dies bürdete ihm eine besonders Pflicht auf. Aus Hendricksens Aussage wissen wir, dass sich alle im Boot voll darüber bewusst waren, dass sich eine riesige Anzahl von Menschen im Wasser befand, und dass jemand vorschlug zurückzufahren und diese zu retten. Dann wurde bewiesen, dass eine der Damen, namentlich Lady Duff Gordon, gesagt hat, dass das Boot bei diesem Versuch unter Wasser gedrückt werden würde, und Sir Cosmo hat zugegeben, dass dies auch seiner geistigen Haltung in diesem Moment entsprach.

Er (Mr. Edwards) will damit sagen, und das ganz unerschrocken, dass eine Gemütsverfassung, die im Angesicht schreiender und ertrinkender Menschen in der Lage ist, an so etwas Materielles wie Geld und den Ersatz von Ausrüstung zu denken, auch in der Lage gewesen wäre, die Möglichkeit in Betracht zu ziehen, einige dieser Menschen zu retten und sich der daraus möglicherweise resultierenden Gefahren zu stellen.

Er will damit nicht sagen, dass es so etwas wie ein plumpes, barbarisches Geschäft oder einen Handel mit den Männern gegeben hat: "Wenn ihr nicht zurückfahrt, gebe ich euch fünf Pfund." Aber er will damit unterstellen, als richtige und wahre Schlussfolgerung aus diesem Vorgang, dass das Geld zu einem Zeitpunkt und unter Umständen in Aussicht gestellt wurde, die Sir Cosmo Duff Gordon in diesem Boot eine solche Vormachtstellung und Einfluss gaben, dass seine Ansicht, dass sie besser nicht zurückfahren sollten, mehr wog als wenn er sie nur als Ratschlag erteilt worden wäre. Es gab 28 freie Plätze im Boot und niemand an Bord hatte das Recht, sein eigenes Leben zu retten, indem er jedes mögliche Risiko beim Füllen dieser Plätze vermied. Gelinde gesagt, war es äußerst verwerflich, dass ein Geldangebot den Verstand der Männer derart beeinflusste und sie schlussendlich von der Erfüllung ihrer Pflichten abhielt.

Aus der Rede des Generalstaatsanwaltes, Sir Rufus Isaacs, Kronanwalt, Mitglied des Parlaments (brit. Untersuchung).

Bezüglich Boot Nr. 1 muss ich einen Kommentar einfügen. Das war das Notfallboot auf der Steuerbordseite, das in erster Linie wegen der Aussage von Mr. Hendricksen in dieser Untersuchung eine etwas bedeutender Rolle einnahm und zur Vorladung von Sir Cosmo Duff Gordon geführt hatte.

Ich möchte betonen, dass dieser Kommentar nicht an Sir Cosmo oder dessen Frau gerichtet ist. Ich meinerseits finde es unmöglich, das Verhalten einer Frau, die sich unter diesen Umständen in einem kleinen Boot bei stockdunkler Nacht wiederfand, und aus Angst zum Sinken gebracht zu werden nicht zurückfahren wollte, scharf zu verurteilen. Jedenfalls werde ich dies nicht kommentieren, sondern die Aufmerksamkeit aus einem anderen Grund auf Nr. 1 lenken: nämlich, dass es offensichtlich ist, dass es mit nur zwölf statt mit vierzig Personen darin abgefiert worden ist. Ich kann leider nicht sagen, warum das Boot mit nur fünf Passagieren und sieben Mannschaftsmitgliedern abgefiert wurde, aber dieser Umstand allein zeigt, und dafür kämpfe ich, die Wichtigkeit von Bootsdrills.

Soweit ich das den Aussagen entnehmen kann, wurde bei diesem Boot kein Befehl zum Abfieren gegeben. Ich bedaure sagen zu müssen, dass ich dafür keinerlei Erklärung habe; aber ich kann auch nicht sagen, warum das Boot unter diesen Umständen zu Wasser gelassen wurde. Deswegen lassen sich daraus zwei Rückschläge ziehen: - (1) die Wichtigkeit von Bootsdrill und (2) die Bereitschaft der Männer.

Es besteht kein Zweifel, dass eine bessere Organisation eine größere Wahrscheinlichkeit ergeben hätte, dass man mehr Passagiere retten hätte können. Was wirklich nachhaltig beeindruckt ist, dass niemand zu wissen schien, was für eine Aufgabe er hatte oder wie viele Menschen in ein Boot gehörten, bevor dieses zu Wasser gelassen wurde. In keinem Fall war in dieser Nacht ein Boot so besetzt, wie es das Fassungsvermögen erlaubt hätte. Der Dampfer war auf seiner ersten Überfahrt, und wenn dieselbe Crew auch die nächste gemacht hätte, waren die Dinge sicher besser gelaufen; aber es gab keine zufriedenstellende Organisation beim Aufrufen der Passagiere und wie diese an Deck gebracht wurden. Hätten alle Boote ihr Fassungsvermögen voll ausgeschöpft, wäre vieles anders gelaufen, aber das schlimmste Boot war die Nr. 1, denn der verantwortliche Mann, Symons, seine Pflicht nicht erfüllt hat. Kein Zweifel, er sollte in der Nähe bleiben, ruderte aber weit weg. Seine Aussage war nicht zufriedenstellend und lieferte keine hinreichende Begründung dafür, warum er nicht zurückkehrte. Er sagte nur, dass er nach "eigenem Ermessen handelte" und er "Herr der Lage" war. Allerdings fand sich keinerlei Erklärung dafür, warum er fortfuhr und nicht zurückkam – außer, dass er vielleicht gesunken wäre. Keinerlei Erklärung! Ich sehe keine Rechtfertigung dafür, dass er nicht umkehrte. Aus den Aussagen ergibt sich, dass zu dieser Zeit keine Menschen mehr auf der Steuerbordseite waren. Diese Aussage muss zwingend falsch sein, denn, wie sie wussten, wurden nach und nach vier weitere Boote mit einer Anzahl Frauen und Kinder abgefiert. Die Kapazität dieses Bootes belief sich auf vierzig Personen. Kein anderes Boot verließ das Schiff mit so einem schlechten Verhältnis zwischen Fassungsvermögen und Besatzung; weiterhin hatte auch kein anderes Boot mehr Mannschaftsmitglieder an Bord. Ich gestehe, dass ich nicht verstehe, warum man das Boot so, wie es war, abgefiert wurde. Grundsätzlich haben überhaupt nur vier Boote mit vollem Fassungsvermögen abgelegt. Ich bin gespannt, welche Erklärung der Offiziere in diesem Fall stimmt. Zuerst sagten sie, dass sie Angst hatten, das Boot würde sich verbeulen, dann, dass keine Frauen mehr verfügbar waren, und drittens, dass es eigentlich hätte zurückfahren sollen. Es erscheint mir sehr bedauerlich, dass die Offiziere im Nachhinein und bezüglich der Auslastung der Boote Zweifel über die Gründe dafür haben.

BOOT NR. 9

Keine Unordnung beim Beladen und Abfieren des Bootes.

Passagiere: Damen Aubert und Zofe (Mlle. Segesser), Futrelle, Lines; Miss Lines, und Passagiere der Zweiten und Dritten Klasse.

Männer: Zwei oder drei.

Sich von den Frauen verabschiedet und mit dem Schiff gesunken: Mr. Futrelle.

Mannschaft: Matrosen: Haines (verantwortlich), Wynne, Quartiermeister, McGough, Peters; Stewards Ward, Widgery und andere.

Gesamt: 56.

VORKOMMNISSE

A. Haines, Bootsmannsmaat (am. Untersuchung).

Offizier Murdoch und der Zeuge füllten Boot Nr. 9 mit Damen. Kein männlicher Passagier versuchte ins Boot zu gelangen. Offizier Murdoch wies sie an zurückzubleiben. Eine Dame weigerte sich einzusteigen, da sie Angst hatte. Als keiner weiteren Damen mehr vortraten und das Boot voll war, sprangen zwei oder drei Männer in den Bug. Da waren zwei Matrosen, drei Stewards, drei oder vier Heizer und zwei oder drei männliche Passagiere. Nr. 9 wurde mit 63 Menschen an Bord ordnungsgemäß vom Bootsdeck abgefiert. Offizier Murdoch gab dem Zeugen das Kommando und befahl im, weg zu rudern und sich vom Schiff fernzuhalten. Als wir sahen, wie es über Bug sank, ließ er um der Sicherheit der Menschen willen noch weiter weg rudern – um die hundert Meter zuerst. Als das Schiff verschwunden war, hörte man Schreie. Er beriet sich mit den Seeleuten, ob man zurückfahren sollte, stimmte aber mit vielen anderen im Boot darin überein, dass dies nicht sicher war. Im Boot gab es keinen Kompass, aber eine kleine Taschenlampe. Am Montagmorgen sah der Zeuge etwa dreißig bis fünfzig Eisberge, sowie ein mehrere Meilen langes Eisfeld. Unter den Eisbergen waren auch Riesen mit zwanzig bis dreißig Metern Höhe.

W. Wynne, Quartiermeister (brit. Untersuchung.):

Offizier Murdoch beorderte den Zeugen in Boot Nr. 9. Dieser half den Damen und übernahm ein Ruderblatt. Der Zeuge sagt, dass er insgesamt 56 Menschen im Boot gezählt hat, darunter 42 Frauen. Er sah in etwa sieben oder acht Meilen Entfernung das Licht eines Dampfers – zuerst ein rotes, dann ein weißes. Nach einiger Zeit verschwanden diese Lichter. Zehn oder fünfzehn Minuten später sah er in derselben Richtung erneut das weiße Licht. Im Boot gab es weder Lampe noch Kompass.

W. Ward, Steward (am. Untersuchung):

Der Zeuge half dabei, die Plane von Boot Nr. 9 zu ziehen und es hinunter auf die Ebene des Bootsdecks zu lassen.

Offizier Murdoch, Zahlmeister McElroy und Mr. Ismay waren in der Nähe dieses Bootes, als es beladen wurde. Ein Seemann, der des Weges kam, warf eine Tasche in das Boot. Er sagte, dass er vom Kapitän den Auftrag bekommen hatte, darauf aufzupassen. Bootsmannsmaat Haines befahl im auszusteigen. Das tat er. Entweder Zahlmeister McElroy oder Offizier Murdoch sagten: "Setzen Sie die Frauen und Kinder, die hier sind, in dieses

Boot." Einige Männer, die noch herumstanden, traten zurück. Die Anzahl der Frauen war beträchtlich und er konnte nicht sagen, wie viele tatsächlich ins Boot gesetzt wurden. Es waren keine Kinder da. Eine ältere Dame machte viel Brimborium und weigerte sich konsequent, ins Boot zu steigen. Sie ging zurück zum Niedergang, verschaffte sich mit Gewalt Zugang und wollte partout nicht mit sich reden lassen. Eine andere Frau, eine französische Dame, fiel hin und verletzte sich leicht. Zahlmeister McElroy beorderte zwei weitere Männer ins Boot, die den Frauen helfen sollten. Als Nr. 9 abgefiert wurde, bemerkte man zum ersten Mal, dass das Schiff Schieflage bekam.

Von der Reling bis hinunter in den Boden des Bootes war schon eine größere Distanz, und in der Dunkelheit konnte die Frauen nicht sehen, wohin sie traten. Zahlmeister McElroy sagte dem Zeugen, er solle ins Boot steigen und den Frauen helfen. Man rief nach weiteren Frauen, aber weder kamen welche, noch waren welche an Deck zu sehen. Dann nahm man drei oder vier weitere Männer an Bord, was die Offiziere für ausreichend hielten, um das Boot sicher zu Wasser zu lassen.

Nr. 9 wurde vor Nr. 11 abgefiert. Es gab einige Schwierigkeiten, die Ruderblätter freizubekommen, weil niemand ein Messer hatte. Vier Männer ruderten die ganze Nacht, aber einige andere waren noch nie zur See gefahren und hatten nicht die leiseste Ahnung von einem Ruder, oder dem Unterschied zwischen Bug und Heck. Haines gab Befehl zum Ablegen. Als man etwa zweihundert Meter weg war, hörte man für eine Stunde mit dem Rudern auf. Haines hatte Angst vor der Sogwirkung und wir fuhren weitere vierhundert Meter vom Schiff weg. Langsam, aber sicher, sank das Schiff über Bug. Er konnte gerade noch die Luken erkennen, als sie eintauchte. Dann machte sie eine Art Satz nach vorne. Der Zeuge hörte mehrere Knalle, ähnlich einer Salve aus Musketen, überhaupt nicht wie eine Explosion. Sein Boot war zu voll und es wäre Wahnsinn gewesen zurückzufahren. Er glaubt, dass Nr. 9 das vierte oder fünfte Boot war, das die *Carpathia* aufgenommen hat. Im Umkreis gab es eine ganze Menge Treibeis, darunter auch einige größere Eisberge. Zwei oder drei hatten sich bereits vom großen Rest abgesondert.

J. Widgery, Badesteward (am. Untersuchung):

Der Zeuge sagt aus, dass alle Passagiere ihre Kabinen verlassen hatten und an Deck gegangen waren, bevor er selbiges tat.

Als er das Bootsdeck erreichte, war Nr. 7 gerade kurz vor dem Abfieren, aber der Zahlmeister schickte ihn zur Nr. 9. Die Plane war bereits weg und er half mit, das Boot abzufieren. Zahlmeister McElroy beorderte ihn in das Boot, damit er dem Bootsmannsmaat dabei helfen konnte, die Frauen einsteigen zu lassen. Eine ältere Dame kam des Weges. Sie war verängstigt. Der Bootsmannsmaat und der Zeuge selbst halfen ihr, aber sie stieß die Männer weg und eilte zur Tür (des Niedergangs) und verschwand nach unten. Kurz bevor sie das Schiff verließen, gab der Offizier Mr. Haines den Befehl, etwa hundert Meter weg zu rudern. Als das Abfieren begann, war das Boot voll. Als sie das Wasser erreichten, war der der einzige, der ein Messer dabeihatte, mit dem man die Ruderblätter freibekommen konnte.

BOOT NR. 11

Keine Unordnung beim Beladen und Abfieren des Bootes.

Passagiere: Frauen: Mrs. Schabert und zwei weitere Damen der Ersten Klasse; der Rest Zweite und Dritte Klasse. 58 Frauen und Kinder gesamt.

Männer: Mr. Mock, Erste Klasse, und zwei weitere.

Mannschaft: Matrosen: Humphreys (verantwortlich), Brice; Stewards: Wheate, MacKay, McMicken, Thessinger, Wheelton; Heizer --------; Stewardess: Mrs. Robinson.

Gesamt: 70.

VORKOMMNISSE

W. Brice, A. B. (Am. Inq., 648):

Dieses Boot wurde vom A-Deck aus beladen. Ein Offizier sagte: "Ist da ein Seemann im Boot?" Keiner gab Antwort. Ich trat vor und ließ mich am Ladebaum hinunter ins Boot. Niemand war im Heck. Ich ging nach achtern und übernahm das Ruder. Mittlerweile war das Boot mir Frauen und Kindern beladen worden. Es war einigermaßen schwierig, das Boot von einer großen Wassermasse fernzuhalten, die von der Schiffsseite herüberschwappte.

Die hintere Verriegelung klemmte, aber ich schätze, dass die Ursache dafür war, dass der Auslöser nicht weit genug hereingedrückt worden war, um die Verriegelung zu lösen. Wir schafften es, das Boot von diesem Wasser wegzuhalten. Es war der Abfluss der Pumpe. Im Boot waren nur zwei Matrosen, ein Heizer, etwa sechs Stewards und 51 Passagiere. Alle Frauen und Kinder konnten ohne Probleme ins Boot einsteigen. Es gab keinen Ansturm oder Panik. Alles wurde in perfekter Ordnung und mit äußerster Disziplin erledigt.

Mr. Humphreys, Vollmatrose, hatte das Kommando über Nr. 11. Im Boot gab es weder eine Lampe, noch eine Laterne. Ich schnitt die Verzurrung von einer Ölflasche, ebenso einige Seilstücke und fertigte Fackeln. Das Schiff sank fast senkrecht stehend über Bug. Als das Boot ungefähr vierhundert Meter weg war, sah man nur noch eine schwarze Masse – dann folgte der finale Untergang. Boot Nr. 9 war gepackt. Ungefähr 45 Frauen mit vier oder fünf Kindern in den Armen waren die Passagiere.

E. Wheelton, Steward (am. Untersuchung):

Als ich das B-Deck entlangeilte, traf ich dort Mr. Andrews, den Konstrukteur. Er öffnete die Räume, sah nach, ob noch jemand drin war, und schloss die Türen wieder. Die Nummern 7, 5 und 9 waren weg. Boot Nr. 11 hing in den Davits. Mr. Murdoch sagte: "Sie gehen auch mit." Dann rief er: "Frauen und Kinder zuerst." Da stand er auf dem Oberdeck an der Heckreling. Das Boot wurde mit Frauen und Kindern beladen und ich meine, dass da insgesamt acht oder neun Männer im Boot waren, einschließlich der Mannschaft und eines Passagiers.

"Haben Sie auch Seeleute eingeladen?", fragte Mr. Murdoch. Ich sagte: "Nein, Sir." Er befahl zwei Matrosen ins Boot zu steigen. Dann ließ man uns ab. Alles verlief glatt, bis wir das Wasser erreichten. Als wir uns vom Schiff abstoßen wollten, hatten wir leichte Probleme, die hintere Verriegelung aufzubekommen. Wir fuhren etwa dreihundert Meter weit weg. Dann versuchten wir in die Nähe der anderen Boote zu kommen. Alle eingeschlossen, waren etwa 58 Menschen in Nr. 11. Alle Passagiere stiegen vom A-Deck aus ein, mit Ausnahme zweier Matrosen. Ich glaube, dass noch zwei weitere Boote auf der Steuerbordseite verblieben, als Nr. 11 abgefiert wurde. Unter den acht oder neun Männern war auch ein Passagier. Ein Quartiermeister (Humphreys) hatte das Kommando.

C. D. MacKay, Steward (brit. Untersuchung.):

Nr. 11 wurde zum A-Deck hinuntergelassen. Mr. Murdoch befahl mir, den Vorgang zu überwachen. Wir sammelten alle Frauen auf dem Bootsdeck (40) ein, und fanden noch ein paar mehr auf dem A-Deck. Die Mannschaft bestand aus fünf Stewards, einem Heizer und zwei Matrosen, von denen einer voraus und einer achtern saß. Da waren Wheelton, McMicken, Thessenger, Wheate und ich selbst. Die anderen hatten von Schifffahrt keine Ahnung. Außerdem waren da zwei Damen der Zweiten Klasse und ein Gentleman der Zweiten Klasse, der Rest waren Damen der Dritten Klasse. Ich fand heraus, dass sie alle Passagiere der Dritten Klasse waren. Wir hatten einige Schwierigkeiten, den hinteren Haken zu lösen. Wir fuhren etwa vierhundert Meter vom Schiff weg. Kein Kompass. Die Frauen beschwerten sich, dass sie so zusammengepfercht waren und sogar stehen mussten. Sie beschwerten sich auch bei den Männern, weil diese rauchten.

J, T. Wheate, Anwärter zum 2. Steward (brit. Untersuchung):

Der Zeuge ging hinauf zum Bootsdeck, wo Mr. Murdoch die Boote zum A-Deck hinunterbeorderte. Dort halfen der Zeuge und einige weitere Männer dabei, die Frauen und Kinder in Boot Nr. 9 zu verladen. Dort nahm man ausschließlich Frauen und Kinder auf. Dann füllte er Nr. 11 mit 59 Frauen und Kindern, drei männlichen Passagieren und einer Mannschaft aus sieben

Stewards, zwei Matrosen und einem Heizer. Er wusste nicht, wie die drei männlichen Passagiere hineingekommen waren. Alles verlief sehr geordnet. Auf dem Bootsdeck war niemand mehr, also nahm man die Menschen auf dem A-Deck auf.

Philip E. Mock, Passagier der Ersten Klasse [aus einem Brief]:

Nr. 11 hatte von allen Booten die meisten Passagiere an Bord – rund 65. Neben meiner Schwester, Mrs. Schabert, und mir selbst, waren nur zwei weitere Passagiere der Ersten Klasse im Boot. Der Rest waren Passagiere der Zweiten Klasse und Stewards oder Stewardessen. Wir waren vermutlich über eine Meile weg, als die Lichter der Titanic ausgingen. Das letzte, was ich von ihr sah war, wie sie mit dem Heck hoch in der Luft unterging. Nach dem Lärm sah ich eine riesige Säule aus schwarzem Rauch, die sich hoch in den Himmel erhob und am oberen Ende flach wie ein Pilz war.

Zu keiner Zeit nahm ich Panik war, auch die Bestürzung hielt sich in Grenzen. Das vermag ich mit Sicherheit zu sagen, denn ich habe bei jedem Boot auf der Steuerbordseite geholfen – bis Nr. 11 abgefiert wurde. Mit der Ausnahme von zwei oder drei Heizern, die sich den Weg in Boot Nr. 3 oder Nr. 5 erzwungen hatten, sah ich weder Männer noch Frauen, die sich gewaltsam Zugang zu einem Rettungsboot verschafft hätten.

Aus der Rede des Generalstaatsanwaltes, Sir Rufus Isaacs, Kronanwalt, Mitglied des Parlaments (brit. Untersuchung).

"Nr. 11 nahm siebzig Passagiere auf, und damit mehr als jedes andere Boot."

BOOT NR. 13

Keine Unordnung beim Beladen und Abfieren des Bootes.

Passagiere: Frauen: Mrs. Caldwell und ihr Kind Alden. Der Rest Frauen der Zweiten und Dritten Klasse.

Männer: Dr. Dodge, einziger Passagier der Ersten Klasse. Zweite Klasse: Herren Beasley und Caldwell. Ein Japaner.

Mannschaft: Heizer: Barrett (verantwortlich), Beauchamp, Major und zwei weitere. Stewards: Ray, Wright und ein weiterer; ebenso ein Bäcker.

Gesamt: 64.

VORKOMMNISSE

Mr. Lawrence Beesley's Buch, das bereits zitiert worden ist, bietet eine exzellente Beschreibung der Geschichte von Boot Nr. 13; näheres dazu findet sich in seinem Buch 'The Loss of the SS. Titanic', Houghton, Mifflin Co., Boston.

F. Barrett, Heizer mit Führungsverantwortung (brit. Untersuchung):

Der Zeuge floh über die Feuerleiter und ging dann auf der Steuerbordseite des A-Decks nach achtern, wo nur noch zwei Boote übrig waren, Nr. 13 und Nr. 15. Nr. 13 war schon teilweise abgefiert, als er dazukam. Fünf Sechstel der Menschen im Boot waren Frauen. Nur etwa dreißig Sekunden später wurde auch Nr. 15 zu Wasser gelassen. Als Nr. 13 die Wasseroberfläche berührte, rief er: "Macht den hinteren Ladebaum los"; da aber offensichtlich niemand davon Notiz nahm, musste er über die Frauen nach hinten steigen und das Tau selbst durchschneiden. Nr. 15 wäre um ein Haar auf sie draufgefallen, aber sie schafften es gerade noch weg. Er übernahm das Kommando über das Boot, bis ihm so kalt war, dass er es jemandem anderen übertragen musste. Da er vor Kälte zitterte, warf eine Frau einen Mantel über ihn; danach konnte er sich an nichts mehr erinnern. Keiner der an Deck wartenden Männer gelangte in das Boot. Sie alle standen in einer Reihe und warteten darauf, dass man ihnen befahl einzusteigen. Es gab keinerlei Unordnung. Sie zogen niemanden aus dem Meer.

F. D. Ray, Steward (am. Untersuchung):

Der Zeuge half beim Beladen von Boot Nr. 9 und beobachtete, wie es und Boot Nr. 11 abgefiert wurden; dann ging er auf dem A-Deck zu Nr. 13. Es war bereits ungefähr zur Hälfte mit Frauen und Kindern gefüllt. Einige wenige Männer durften einsteigen; ungefähr neun bis zwölf Passagiere und Mannschaftsmitglieder. Dr. Washington Dodge stand dort und erfuhr, dass seine Frau und sein Kind mit einem anderen Boot abgefahren waren. Der Zeuge sagte zu ihm: "Dann sollten Sie besser jetzt da einsteigen"; mit diesen Worten trat er hinter ihn, drückte ihn ins Boot und folgte dann selbst. Eine ziemlich beleibte Frau kam weinend herbei und sagte: "Setzt mich nicht in dieses Boot. Ich will in keines davon. Ich war noch nie im Leben in einem offenen Boot." Danach wurde ein kleines, in eine Decke gewickeltes Kind, zu ihm hinunter ins Boot geworfen. Die Frau, die es gebracht hatte, stieg direkt danach ein. Ungefähr drei oder vier Männer blieben oben an der Reling stehen und machten sich dann auf den Weg zu Boot Nr. 15. Nr. 13 wurde abgefiert. Als das Boot fast im Wasser war, bemerkten einige eine große Wassermenge, die aus der Seite des Schiffs austrat. Der Zeuge glaubte, dass dort die Pumpen arbeiteten. Das Loch war über einen halben Meter breit und bestimmt dreißig Zentimeter tief. Sie riefen nach oben, dass das Boot sofort gestoppt werden sollte, was auch sofort passierte. Dann drückten sie es von der Schiffsseite weg, um von dem Wasserausfluss wegzukommen. Der Zeuge glaubt, dass sich keine Matrosen oder Quartiermeister im Boot befanden, da niemand wusste, wie man das Takel lösen konnte. Man rief nach Messern, um es zu durchschneiden. In der Zwischenzeit waren sie etwas nach achtern abgetrieben worden und Boot Nr. 15 senkte sich langsam direkt auf ihre Köpfe. Wieder riefen alle nach oben, und auch dieses Mal wurde das Abfieren von Boot Nr. 15 sofort eingestellt. Man wählte einen Heizer (Barrett) zum Verantwortlichen für das Boot. Steward Wright war auch darin; zwei oder drei Kinder und ein sehr junges Baby von sieben Monaten. Neben den Nummern 9, 11 und 13, wurde auch Nr. 15 aufs A-Deck herabgelassen und von dort beladen. der Zeuge sah keine männlichen Passagiere oder Crewmitglieder, die aus einem der Rettungsboote auf der Steuerbordseite raus beordert oder gar rausgeworfen wurden. Alles verlief sehr gesittet und es gab überhaupt keinen Grund, jemanden rauszuwerfen. In Nr. 13 waren etwa vier oder fünf Heizer, ein Bäcker, drei Stewards, rund neun Crewmitglieder. Dr. Washington Dodge war der einzige Passagier der Ersten Klasse, der Rest gehörte zur Dritten Klasse. Ein Japaner war auch da. Während er dieses Boot belud, waren keine Menschenmassen auf dem A-Deck zu finden. Nr. 13 war voll belegt.

Auszüge aus Dr. Washington Dodges Ansprache "Der Untergang der Titanic", von der ich eine Kopie erhalten habe:

Ich hörte, wie ein Mann behauptete, dass Eis die Ursache für den Zusammenstoß gewesen sei. Nachdem einer der Zuhörer den Wahrheitsgehalt dieser Aussage in Frage stellte, erwiderte er: "Gehen Sie doch selbst und schauen Sie vom Vordeck herunter, dann werden Sie schon sehen." Daraufhin ging ich selbst sofort vor zum Ende des Promenadendecks und sah hinunter; dort, gerade innerhalb der Steuerbordreling, lagen kleine Bruchstücke zerbrochenen Eises, vermutlich einige Schubkarren voll. Als ich dort stand, passierte etwas, dass mich die gesamte Situation durchaus ernster betrachten ließ, als dies normalerweise der Falle gewesen wäre. Zwei Heizer, die sich unbeachtet auf das Promenadendeck geschlichen hatten, sagten zu mir: "Meinen Sie, das ist gefährlich, Sir?" Ich antwortete: "Wenn es gefährlich ist, dann nur, wenn das Schiff leckgeschlagen ist – und darüber sollten Sie beide mehr wissen als ich." Sie erwiderten, mit einem ganz beunruhigenden Unterton: "Naja, Sir, als wir hochgingen, Sir, schoss das Wasser in die Schüröffnung, Sir." Zu diesem Zeitpunkt sah ich eine ganze Menge Passagiere aus dem Zwischendeck, die sich einen Spaß daraus machten, über das Eis zu laufen und es vom Deck zu kicken. Im Meer selbst waren weder Eis noch ein Eisberg zu sehen.

Ich beobachtete die Boote auf der Steuerbordseite, die nach und nach gefüllt und abgefiert wurden. Während der gesamten Zeitspanne bemerkte ich weder Panik, Anzeichen von Angst oder außergewöhnliche Beunruhigung. Da weinten weder Frauen noch Kinder, noch gab es den leisesten Hauch von Hysterie.

Die Boote auf der Steuerbordseite trugen die ungeraden Nummern von eins bis dreizehn. Kein einziges Boot wurde zu Wasser gelassen, das nicht von zehn, zwanzig oder noch mehr Passagiere aufnehmen hätte können. Nie waren genug Frauen oder Kinder da, um ein Boot ausreichend zu füllen, bevor es abgefiert wurde. Sobald die Menschen, die auf den Ruf des Offiziers reagiert hatten, im Boot waren, wurde der Befehl "Abfieren!" erteilt.

Ich konnte nicht beobachten, welche Bedingungen auf der Backbordseite des Schiffes herrschten. Wir befanden uns auf dem Bootsdeck im Halbdunkel und aufgrund der immensen Länge und Breite des Dampfers, und der Tatsache, dass zwischen den Seiten des Bootsdecks Offizierskabinen, Gemächer der Passagiere, eine Turnhalle und unendlich viele, riesige Lüfter waren, wäre es selbst bei Tageslicht unmöglich gewesen, mehr als nur einen kleinen Ausschnitt des Decks anzuschauen. Wir konnten nur beobachten, was in einem Radius von vielleicht zehn Metern passierte.

Die Boote Nr. 13 und 15 wurden ungefähr zeitgleich von den Ladebäumen nach außen geschwungen. Ich hörte, wie der für die Nr. 13 verantwortliche Offizier sagte: "Wir lassen das Boot aufs A-Deck ab." Nachdem ich sah, dass bei Boot Nr. 15 eine Menge von fünfzig oder sechzig Personen stand, darunter nur ein Bruchteil Frauen, stieg ich mittels eines Treppenabgangs in der Nähe auf das darunterliegende A-Deck hinunter. Nachdem sich das Boot auf einer Höhe mit dem Deck befand, halfen einige von uns den etwa acht Damen dabei, die Reling zu überklettern und ins Boot zu steigen. Der verantwortliche Offizier hielt das Boot fest und rief immer wieder nach mehr Frauen. Nachdem keine kamen, und auch keine auf dem immer noch hell erleuchteten Deck in Sicht waren, wurden die Männer angewiesen einzusteigen. Zusammen mit den dort Anwesenden betrat ich das Boot. Ray war mein Tischsteward und rief mir zu einzusteigen.

Das Boot, in das ich eingestiegen war, wurde schnell abgefiert. Als wir uns dem Wasser näherten und ich über den Rand des Bootes blickte, bemerkte ich, dass sich der Bug, in dessen Nähe ich saß, direkt in einen riesigen Wasserschwall von über einem Meter Durchmesser senkte, der mit großer Kraft aus der Seite des Schiffes strömte. Es war das Wasser, das die Kühlwasserpumpen ausstießen. Wenn man unser Boot weiter so abgefiert hätte, wären wir im Nu überschwemmt worden. Die lauten Schreie der Menschen im Boot veranlassten die gut zwanzig Meter über uns arbeitenden Matrosen dazu, das Boot sofort anzuhalten. Unter größten Schwierigkeiten gelang es uns, ein Ruderblatt freizubekommen. Nicht nur waren diese mit Hilfe von reichlich geteerter Schnur zusammengebunden worden, sie lagen auch noch auf der Sitzbank, die parallel zur Seite des Rettungsbootes verlief und auf der mindestens acht oder zehn der Insassen hockten. Keiner davon schien auch nur annähernd beunruhigt zu sein. Schließlich bewegten wir das Boot mit Hilfe des Ruderblattes ausreichend weit von der Titanic weg, um dem sich immer noch ergießenden Wasserschwall auszuweichen. Dann wurden wir sicher zu Wasser gelassen. In diesen Momenten, während dies alles geschah, verspürte ich das erste Mal das Gefühl drohender Gefahr.

Man hatte uns angewiesen vom Schiff wegzufahren und einem Licht zu folgen, das eines der anderen, vor uns gestarteten Rettungsboote trug. In unserem Rettungsboot befand sich keine Laterne, was gegen die Regularien verstieß; auch war nicht mal ein einziger Seemann, geschweige denn ein Offizier mit an Bord. Diejenigen, die die Ruder bearbeiteten, waren fast ohne Ausnahme armselige Ruderer, und so kamen wir nur sehr langsam von der Stelle. Zusammen mit zwei oder drei in der Nähe befindlichen Booten, versuchten wir, das mit dem Licht versehene Rettungsboot zu überholen, um ja nicht abzutreiben oder gar die Orientierung zu verlieren. Das Licht schien sich etwa vierhundert Meter vor uns zu befinden, aber obwohl wir uns mächtig anstrengten, gelang es uns nie näher heranzukommen – obwohl wir mindestens eine Meile dorthin ruderten.

BOOT NR. 15

Keine Unordnung beim Beladen und Abfieren des Bootes.

Passagiere: Ausnahmslos Frauen und Kinder der Dritten Klasse (53), dazu

Männer: Nur Mr. Haven (Erste Klasse) und drei weitere (Dritte Klasse). Zwischensumme: 4.

Mannschaft: Heizer: Diamond (verantwortlich), Cavell, Taylor; Stewards: Rule, Hart. Zwischensumme: 13.

Gesamt (brit. Untersuchung): 70.

VORKOMMNISSE

G. Cavell, Kohlenschlepper (brit. Untersuchung.):

Der Offizier beorderte fünf von uns ins Boot. Wir nahmen alle Frauen und Kinder in Empfang, dann wurde das Boot abgefiert. Wir wurden zum Erste-Klasse-Deck (A-Deck) abgelassen, wo wir noch ein paar Frauen und Kinder mehr aufnahmen; das waren vielleicht fünf, dann ging es runter zum Wasser. Vom unteren Deck stiegen in etwa sechzig Leute ein. Männer standen auch herum, wir nahmen aber keine auf. Sie wurden nicht zurückgehalten. Es waren Passagiere der Dritten Klasse, glaube ich – sechzig Frauen, Irinnen. Heizer Diamond übernahm das Kommando. Kein anderer Seemann an Bord. Nachdem wir die Frauen eingeladen hatten, waren auf den Decks der Dritten Klasse keine mehr zu sehen.

S. J. Rule, Steward im Badebereich (brit. Untersuchung):

Mr. Murdoch rief den Männern zu einzusteigen. Etwa sechs folgten seinem Befehl. "Das ist genug", sagte er, "Abfieren aufs A-Deck." Zu diesem Zeitpunkt hatte das Schiff bereits leichte Schräglage nach backbord. Wir entsandten Späher auf beide Seiten des Schiffes. Sie kamen zurück und berichteten, dass keine Frauen und Kinder mehr da waren. Wir füllten das Boot auf dem A-Deck auf – 68 Personen insgesamt – es war das letzte Boot, das die Steuerbordseite verließ. Einige mussten zurückbleiben. Als Mr. Murdoch sagte, wir sollten das Boot mit den dort stehenden Männern auffüllen, gab es einen kleinen Ansturm. Als wir abgefiert wurden, hätten wir uns fast auf Nr. 13 draufgesetzt. Ein Mann, Jack Stewart, ein Steward, übernahm das Kommando. Fast alle ruderten. Keine Lampe. Ein Deckarbeiter im Boot, Männer, Frauen und Kinder. Kurz bevor es zu Wasser gelassen wurde, konnte niemand mehr gefunden werden und etwa ein halbes Dutzend Männer kletterte hinein. 68 Personen waren insgesamt im Boot. Sieben Mannschaftsmitglieder.

J. E. Hart, Steward der Dritten Klasse (brit. Untersuchung):

Der Zeuge definiert die Aufgaben der Stewards und wie diese erfüllt wurden, speziell der Männer, die auf dem Zwischendeck arbeiteten.

"Bringt die Frauen und Kinder hoch aufs Bootsdeck", lautete der Befehl kurz nach der Kollision. Ungefähr eine Dreiviertelstunde nach dem Zusammenstoß brachte er Frauen und Kinder vom C-Deck zum Hauptniedergang der Ersten Klasse. Zu dieser Zeit gab es keine Absperrungen. Alles war noch offen. Er brachte etwa 30 Personen zu Boot Nr. 8, als dieses abgefiert wurde. Er ließ diese dort und ging zurück, um noch mehr zu holen. Auf dem Weg zu den Booten traf er Passagiere der Dritten Klasse. Er brachte rund 25 weitere Frauen und Kinder aus dem Zwischendeck zurück und hatte ein bisschen Probleme mit männlichen Passagieren, die aufs Bootsdeck wollten. Das waren nur Passagiere der Dritten Klasse, die er zum einzigen verbleibenden Boot auf der Steuerbordseite, nämlich Nr. 15, brachte. Das Boot war bereits gut besetzt und wurde anschließend aufs A-Deck abgelassen, wo fünf Frauen, drei Kinder und ein Mann mit einem Baby im Arm eingeladen wurden – insgesamt waren das dann rund siebzig Menschen. Darunter befanden sich auch dreizehn oder vierzehn Mitglieder der Crew und der Heizer Diamond. Mr. Murdoch beorderte den Zeugen ins Boot. Vier Passagiere und vierzehn Crewmitglieder waren männlich, der Rest Frauen und Kinder.

Als Boot Nr. 15 das Bootsdeck verließ, waren noch andere Frauen und Kinder dort – einige weibliche Passagiere der Ersten Klasse und ihre Gatten. Es herrschte absolute Stille. Immer wieder ertönten Rufe nach mehr Frauen und Kindern. Wenn sich noch mehr Frauen gemeldet hätten, wären sicher auch noch ausreichend Plätze in den Booten gewesen. Er hörte, wie einige der Frauen auf dem A-Deck sagten, sie würden ihre Ehemänner nicht verlassen.

Die Aussage, dass irgendwelche Matrosen versucht hätten, Passagiere der Dritten Klasse vom Bootsdeck fernzuhalten, entbehrt jeder Wahrheit. Vom Bootsdeck aus sah der Zeuge das Masttoplicht eines Schiffes. Genau wie die anderen Stewards tat er sein Bestes, um die Passagiere aus dem Zwischendeck so schnell wie möglich aufs Bootsdeck zu bekommen.

ENGELHARDT BOOT "C."

Keine Unordnung beim Beladen und Abfieren des Bootes.

Passagiere: Präsident Ismay, Mr. Carter. Der Rest Frauen und Kinder.

Mannschaft: Quartiermeister Rowe (verantwortlich). Steward Pearce. Frisör Weikman. Drei Heizer.

Blinde Passagiere: Vier Chinesen oder Philippinos.

Gesamt: 39.

VORKOMMNISSE

G. T. Rowe, Quartiermeister (am. und brit. Untersuchung.):

Um Wiederholungen zu vermeiden, wurden die Aussagen des Zeugen vor den beiden Ausschüssen zusammengefasst:

Er assistierte Offizier Boxhall beim Abfeuern der Notsignale ungefähr gegen 1:05 und 1:20 Uhr. Zu dieser Zeit richteten sie die Faltboote auf der Steuerbordseite her. Der höchste Offizier Wilde wollte einen Seemann. Kapitän Smith befahl dem Zeugen, in Boot "C" zu steigen, das nur zum Teil besetzt war. Es waren nur drei Frauen und Kinder drin. Dann stiegen zwei Herren ein, Mr. Ismay und Mr. Carter. Niemand hat ihnen gesagt, dass sie einstiegen durften. Im Boot befanden sich damit diese zwei Herren, fünf Mitglieder der Crew (inklusive dem Zeugen), drei Heizer, ein Steward, und bei Tagesanbruch fand man noch vier Chinesen oder Philippinos, die zwischen den Sitzen herausgekrabbelt kamen. Der Rest waren Frauen und Kinder.

Bevor sie das Schiff verließen, sah er in etwa fünf Meilen Entfernung und zwei Strich backbord ein helles Licht. Er bemerkte es, als er schon im Boot war. Zu diesem Zeitpunkt hatte das Schiff etwa sechs Grad Schlagseite nach backbord. Dann kam der Befehl zum Abfieren, der Zeuge hatte dafür die Verantwortung. Die Wallschiene blieb immer wieder an den Nieten der Schiffsseite hängen und man hatte alle Hände voll damit zu tun, sie immer wieder freizubekommen. Wegen diesem Vorfall dauerte es gute fünf Minuten, bis man unten war. Als man das Wasser erreicht hatte, steuerte man auf dieses Licht in etwa fünf Meilen Entfernung zu. Nachdem man diesem Licht nie näherzukommen schien, änderte man den Kurs und folgte einem Boot, das ein grünes Licht trug. Als der Tag anbrach, war die *Carpathia* in Sicht.

In Bezug auf Mr. Ismay und wie dieser ins Boot kam, wird die Aussage des Zeugen vor dem amerikanischen Ausschuss nun in Gänze wiedergegeben:

Senator Burton: Nun, erzählen Sie uns von den Umständen, wie Mr. Ismay und dieser andere Gentleman ins Boot gelangten.

Mr. Rowe: Als Mr. Wilde fragte, ob noch irgendwo Frauen und Kinder seien, erhielt er keine Antwort. Stattdessen stieg Mr. Ismay ins Boot.

Senator Burton: Mr. Wilde fragte, ob da noch Frauen und Kinder waren? Können Sie sicher sagen, dass da wirklich keine waren?

Mr. Rowe: Ich konnte keine sehen, und es traten auch keine vor.

Senator Burton: Sie hatten volle Sicht aufs Deck, nicht wahr?

Mr. Rowe: Ich konnte den Heizer und den Steward sehen, die die Mannschaft vervollständigten; was Familien angeht, nein, ich konnte keine sehen.

Senator Burton: Neben Mr. Ismay und diesem anderen Mann, waren das noch andere männliche Passagiere?

Mr. Rowe: Ich habe keine gesehen, Sir.

Senator Burton: War es hell genug, dass sie jeden in der Nähe gesehen hätten?

Mr. Rowe: Ja, Sir.

Senator Burton: Haben Sie gehört, dass jemand Mr. Ismay und Mr. Carter gebeten hätte einzusteigen?

Mr. Rowe: Nein, Sir.

Senator Burton: Wenn Offizier Wilde mit ihnen gesprochen hätte, wäre Ihnen das aufgefallen?

Mr. Rowe: Ich denke schon, sie sind ja hinten ins Boot eingestiegen, da, wo auch ich war.

Alfred Pearce, Steward der Dritten Klasse, Verwalter der Speisekammer (brit. Untersuchung):

Hielt zwei Babys in seinen Armen und stieg aufgrund von Offizier Murdochs Befehl in ein Faltboot ein, in dem bereits Frauen und Kinder waren. Insgesamt waren 66 Passagiere und fünf Mitglieder der Mannschaft darin, ein Quartiermeister hatte das Kommando. Das Schiff krängte nach backbord und seine Lichte brannten bis zuletzt. Als sie wegruderten war es zwanzig Minuten vor zwei Uhr. Er erinnert sich daran, weil ihm einer der Passagiere die Zeit nannte.

J. B. Ismay, Präsident der International Mercantile Marine Co. von Amerika, New Jersey, USA. (am. Untersuchung):

Da waren vier Mannschaftsmitglieder – ein Quartiermeister, der Verwalter der Speisekammer, ein Metzger und noch einer. Die normale Reihenfolge war 'Frauen und Kinder zuerst'. Dem wurde Folge geleistet, solange es praktikabel war. Rund fünfundvierzig im Boot. Es gab kein Gedrängel oder Kämpfe zwischen Männern, die in die Boote wollten. Sie suchten sich einfach nur Frauen aus und setzten diese in die Boote, so schnell es ging – die ersten, die da waren. Er setzte eine ganze Menge hinein – auch Kinder. Er sah, wie das erste Rettungsboot auf der Steuerbordseite zu Wasser gelassen wurde. Was seine Abfahrt vom Schiff angeht, da war das Boot. Es waren schon einige Männer im Boot und der Offizier rief und fragte, ob da nicht noch mehr Frauen waren; er erhielt aber keine Antwort. An Deck waren keine Passagiere mehr, und als das Boot zum Abfieren bereit war, sprang er hinein. Zu diesem Zeitpunkt sank die Titanic bereits. Er konnte fühlen, wie das Schiff unterging. Er kletterte ins Boot, weil da noch Platz war. Bevor er einstieg, konnte er keine Passagiere sehen, die ins Wasser gesprungen wären. Das Boot schrubbte an der Seite des Schiffes entlang, als es abgelassen wurde, die Frauen halfen dabei, es immer wieder wegzudrücken. Das Schiff hatte da Schlagseite nach backbord. Er saß mit seinem Rücken zum Schiff und ruderte die ganze Zeit, weg von der sinkenden Titanic. Er wollte nicht sehen, wie sie unterging. Im Boot waren mit ihm neun oder zehn Männer. Mr. Carter, ein Passagier, war einer davon. Alle anderen Menschen im Boot, soweit er das beurteilen konnte, waren Passagiere der Dritten Klasse.

Vom Generalstaatsanwalt Sir Rufus Isaacs vor dem britischen Untersuchungsausschuss befragt, sagte Mr. Ismay wie folgt aus:

Ich wurde durch den Zusammenstoß geweckt, blieb dann noch eine Weile im Bett und stand auf. Ich traf einen Steward, der mir aber nicht sagen konnte, was passiert war. Ich zog meinen Mantel an und ging an Deck. Dort sah ich Kapitän Smith. Ich fragte ihn, was los sei, und er antwortete, dass wir auf Eis getroffen sind. Er sagte, dass er die Lage für ernst hielt. Dann ging ich hinunter und traf den Chefingenieur, der sagte, dass der Einschlag heftig gewesen war. Er glaubte, dass die Pumpen das Wasser in Schach halten würden. Dann, so glaube ich, bin ich kurz zurück in meine Kabine und auf die Brücke gegangen. Dort hörte ich, wie Kapitän Smith einen Befehl in Bezug auf die Boote gab. Ich ging aufs Bootsdeck, sprach dort mit einem der Offiziere und leistete jede mögliche Hilfe beim Verladen der Frauen und Kinder. Dort blieb ich auch, bis ich das Schiff verließ. Es gab keine Unruhe, auch keine Versuche von Männern, in die Boote zu gelangen. Soweit ich das sagen kann, wurden alle Frauen und Kinder in Boote verladen; ich wüsste nicht, dass noch welche übrig gewesen wären. Das Schiff hatte Schlagseite nach backbord. Ich schätze, dass ich noch für etwa anderthalb Stunden nach dem Einschlag auf der Titanic war. Ich bemerkte, wie sie begann über Bug zu sinken. Unser Boot war einigermaßen voll. Nachdem alle Frauen und Kinder drin waren und es auf dieser Seite des Decks keine weiteren Menschen gab, stieg ich während des Abfierens ein. Ich wüsste nicht, dass vor unserem Einsteigen Aufrufe nach weiteren Passagieren auf dem Bootsdeck erfolgt wären. Ich habe aber auch nicht danach gefragt.

Ebenso wurde Mr. Ismay von Mr. A. C. Edwards, Mitglied des Parlaments, befragt, dem Anwalt der Hafenarbeiter-Gewerkschaft. Seine Aussage lautete:

Mr. Edwards: Sie waren dafür verantwortlich, die Anzahl der Boote festzulegen?

Mr. Ismay: Ja, zusammen mit den Schiffsbauern.

Mr. Edwards: Wussten Sie, dass das Schiff sinken würde, als Sie ins Boot stiegen?

Mr. Ismay: Ja.

Mr. Edwards: Ist es Ihnen jemals in den Sinn gekommen, dass Sie als Vertreter der Geschäftsführung, gleichzeitig verantwortlich für die Anzahl der Rettungsboote, jedem Menschen auf diesem Schiff Ihr Leben schuldeten?

Der Präsident: Das ist nicht die Art von Fragen, die Sie diesem Zeugen stellen sollten. Sie können das gerne kommentieren, wenn Sie zu Ihrem Plädoyer kommen.

Mr. Edwards: Sie waren aktiv daran beteiligt, die Frauen und Kinder in die Boote zu setzen?

Mr. Ismay: Ich tat, was ich konnte.

Mr. Edwards: Warum haben Sie nicht noch zusätzlich veranlasst, dass weitere Menschen an Deck kommen und die Boote besetzen?

Mr. Ismay: Ich habe jeden, der da war, reingesetzt und bin dann selbst eingestiegen, als das Boot abgefiert wurde.

Mr. Edwards: Haben Sie nicht die Anweisungen dazu gegeben, die Frauen und Kinder in die Boote zu setzen?

Mr. Ismay: Ich rief ihnen zu, dass sie einsteigen sollten.

Mr. Edwards: Warum haben Sie dann keine Anweisungen geben, oder dies gleich selbst erledigt, auf der anderen Seite des Decks oder den darunterliegenden Decks nach mehr Menschen zu suchen?

Mr. Ismay: Ich war in dem Glauben, dass da Leute waren, die sie zu uns hochschickten.

Mr. Edwards: Aber Sie wussten, dass da hunderte Menschen waren, die nicht nach oben gekommen sind?

Lord Mersey: Wenn ich das richtig verstehe, ist Ihr Punkt, dass es, mit Bezug auf seine Position als Geschäftsführer, seine Pflicht gewesen wäre, auf dem Schiff zu bleiben, bis es auf den Meeresboden sank?

Mr. Edwards: Offen gestanden, so ist es, und davon weiche ich nicht ab; aber ich möchte das vom Zeugen hören, insbesondere, weil er zu einer gewissen Zeit bestimmte Anweisungen gab. Warum hat er diese Verantwortlichkeit nicht auch später in Bezug auf andere Personen oder Passagiere genutzt?

Mr. Ismay: Da waren keine Passagiere mehr, die hätten einsteigen können. Das Boot war schon im Abfieren begriffen.

Befragt von Sir Robert Finley von der White Star-Linie:

Mr. Finley: Haben Sie die Überfahrt von und nach Amerika oft unternommen?

Mr. Ismay: Sehr oft.

Mr. Finley: Haben Sie jemals irgendwann versucht, sich in die Navigation eines dieser Schiffe einzumischen?

Mr. Ismay: Nein.

Mr. Finley: Als Sie das Deck verlassen haben, kurz bevor Sie in das Faltboot gestiegen sind, haben Sie da gehört, wie der Offizier nach mehr Frauen gerufen hat?

Mr. Ismay: Ich glaube nicht; aber ich habe sehr oft vorher gehört, wie sie nach Frauen gerufen haben.

Mr. Finley: Als das letzte Boot die Titanic verlassen hatte, müssen Sie gewusst haben, dass sich noch viele Passagiere und Mannschaftsmitglieder an Bord befanden.

Mr. Ismay: Das stimmt.

Mr. Finley: Und doch haben Sie niemanden an Deck gesehen?

Mr. Ismay: Nein, ich habe niemanden gesehen, und ich konnte nur vermuten, dass sich die anderen Passagiere am anderen Ende des Schiffes befanden.

Aus einer Rede (brit. Untersuchung) von Mr. A. Clement Edwards, Mitglied des Parlaments, Anwalt der Hafenarbeiter-Gewerkschaft.

Was war Mr. Ismays Pflicht?

Bezüglich Mr. Ismays Verhalten hat Mr. Edwards gesagt, dass dieser es auf sich genommen hat dabei zu helfen, Frauen und Kinder in die Boote zu verladen. Er hat auch eingeräumt, dass er gewusst hat, dass die Titanic verloren war, als er diese verließ, dass sich noch hunderte weiterer Menschen an Bord befunden haben, dass er nicht wusste, ob noch weitere Frauen und Kinder übrig waren und dass er noch nicht mal rüber auf die andere Seite gegangen ist, um nachzusehen, ob dort welche waren. Der Anwalt bringt vor, dass einem

Gentleman in der Position eines Geschäftsführers der Gesellschaft, der die Titanic gehörte, und der sich selbst die Pflicht auferlegte, bei den Booten zu helfen, bestimmte weitere Pflichten zugerechnet werden müssen, die jenseits derer eines normalen Passagiers liegen – und dass er nicht weniger und nicht mehr Recht hatte, sein Leben auf Kosten jeder einzelnen Person an Bord des Schiffes zu retten, als der Kapitän. Er (Mr. Edwards) sagte ausdrücklich, dass sich Mr. Ismay nicht dadurch von seiner Pflicht entband, dass er einen achtlosen Blick über die Steuerbordseite des Schiffes warf. Er war eine der ganz wenigen Personen, die zu dieser Zeit Kenntnis davon hatten, dass das Schiff mit Sicherheit verloren war, und unter diesen Umständen war es seine klare Pflicht, dafür Sorge zu tragen, dass jemand an anderen Orten als in der unmittelbaren Nachbarschaft des Decks nach weiteren Passagieren suchte.

Lord Mersey: Eine moralische Pflicht, meinen Sie?

Mr. Edwards: Dem stimme ich zu; aber ich sage, dass ein Geschäftsführer, der an Bord eines Linienschiffes geht, wirtschaftlich für dieses verantwortlich ist und bestimmte Funktionen übernimmt, eine besondere moralische Verpflichtung und Pflicht hatte, und zwar deutlich mehr als ein Passagier gegenüber einem anderen Passagier besitzt.

Lord Mersey: Aber inwiefern ist eine moralische Pflicht wichtig in Bezug auf diese Untersuchung? Man könnte argumentieren, dass es eine moralische Pflicht für jeden Mann an Bord gab, dass jede Frau Vorrang haben sollte, und ich müsste mich auch fragen, ob dann jeder Passagier seine moralische Pflicht erfüllt hat.

Mr. Edwards stimmte zu, dass diese Angelegenheit, soweit es die größeren Fragen in diesem Fall betraf, von trivialer Bedeutung war.

Aus der Rede von Sir Robert Finlay, Kronanwalt, Mitglied des Parlaments, Anwalt der White Star Company (brit. Untersuchung):

Mr. Edwards hat gesagt, dass Mr. Ismay kein Recht hatte, sein Leben auf Kosten irgendeines anderen Lebens zu retten. Er rettete sein Leben aber gar nicht auf Kosten irgendeines anderen Lebens. Wenn sich Mr. Edwards die Mühe gemacht hätte, die Beweise anzusehen, hätte er bemerkt, wie unbegründet diese Anklage ist. Es gibt nicht den geringsten Grund zu der Annahme, dass man irgendein anderes Leben retten hätte können, wenn Mr. Ismay nicht ins Boot gestiegen wäre. Er stieg erst in das Boot, als es abgefiert wurde.

Mr. Edwards hat gesagt, dass es schlicht Mr. Ismays Pflicht wäre, das Schiff nach Passagieren zu durchsuchen; Tatsache aber ist, dass das Boot abgefiert wurde. Wäre es Mr. Ismays Pflicht gewesen zu bleiben, obwohl dadurch kein anderes Leben hätte gerettet werden können? Wenn er dadurch gezwungen worden wäre sein eigenes Leben zu opfern, dann hätte man hinterher gesagt, dass er mit dem Schiff untergegangen sei, weil er sich nicht dieser Untersuchung stellen wollte. Man kann Mr. Ismays Verhalten, und zwar aus keinerlei Blickwinkel, nicht den geringsten Mangel unterschieben. Er hatte nicht die Pflicht, mit seinem Schiff unterzugehen, wie es der Kapitän tat. Er tat alles, was er konnte, um den Frauen und Kindern zu helfen. Erst als das Boot abgelassen wurde, stieg er ein. Für ihn war es keine Ehrensache, und wenn er sein Leben so weggeworfen hätte, wie es jetzt vorgeschlagen wurde, würde man sagen, dass er es tat, weil er sich dieser Untersuchung nicht stellen wollte und deswegen den Tod vorzog.

ENGELHARDT BOOT "A"

Vom Schiff weggetrieben.

Passagiere: T. Beattle, P. D. Daly, J G. Rheims, R. N. Williams, Jr., Erste Klasse; O. Abelseth, W. J. Mellers, Zweite Klasse; und Mrs. Rosa Abbott,, Edward Lindley, Dritte Klasse.

Mannschaft: Steward: E. Brown. Heizer: J. Thompson, eine unidentifizierbare Leiche, Matrosen: eine unidentifizierbare Leiche.

Eine außergewöhnliche Geschichte gehört zu diesem Boot. Zu Beginn meiner Recherchen nannte ich es "das mysteriöse Boot", bedingt durch die Aussagen der Offiziere der Titanic. In seinen Gesprächen mit mir, wie auch in seiner Zeugenaussage, erklärte Offizier Lightoller, dass er dieses Boot nicht rechtzeitig vom Schiff lösen konnte und dass er und seine Männer gezwungen waren, ihre Bemühungen, es noch abzufieren, aufzugeben. Die Folge war, dass dieses Boot "A" nicht verwendet werden konnte, sondern mit dem Schiff unterging. Meine jüngsten Forschungen haben ihn nunmehr von diesem Irrtum befreit. Wie wir bereits erfahren haben, gab es nur vier Engelhardt-Boote – und wir haben "das gekenterte Boot B" und "D", das letzte, das das Schiff in den Takeln verließ, und das Boot "C" mit Mr. Ismay, das die *Carpathia* erreichte und dort entladen wurde, dabei schon berücksichtigt. Nach all dem Rätsel sind wir zu dem Schluss gekommen, dass das Boot "A" nicht mit dem Schiff untergegangen ist, sondern dasjenige war, dessen Insassen am frühen Morgen von Officer Lowe gerettet wurden und das anschließend mit drei Leichen darin freigesetzt wurde. Dies war auch das Boot, das fast einen Monat später von der *Oceanic* fast 200 Meilen vom Ort des Wracks aufgenommen wurde.

Ich habe eine gründliche Recherche durchgeführt, um herauszufinden, wie Boot A das Schiff verlassen hat. Informationen dazu erhalten Sie aus den vor dem britischen Untersuchungsausschuss erfolgten Zeugenaussagen von Steward Edward Brown, von Passagier der Ersten Klasse R. N. Williams, Jr., und aus einem Bericht von William J. Mellers, einem Passagiere der Zweiten Klasse, der diesem von Dr. Washington Dodge erzählt wurde. Man beachte, dass Steward Brown bezeugte, dass er aus dem Boot gespült wurde und doch "nicht wusste, ob er im Wasser unterging". Da er nicht schwimmen konnte, zwingt mich eine Analyse seiner Aussage zu der Annahme, dass er sich am Boot festhielt und nicht schwimmen musste und das Boot "A" das gleiche war, in dem er sich befand, als er das Schiff verließ. Im Fall des jungen Williams bin ich nach einer Analyse seiner Aussage zum gleichen Schluss gekommen. Dieser hatte seinen großen Pelzmantel im Wasser abgenommen und weggeworfen, während er zwanzig Meter zum Boot schwamm – während der Pelzmantel auf unerklärliche Weise hinter ihm herschwamm und auch ins Boot gelangte. Jedenfalls wurde er, wie die Aussagen zeigen, im Boot gefunden, als man dieses später barg.

Ich besitze auch einen Brief von Herrn George Rhelms aus Paris, in dem er seine Anwesenheit auf diesem Boot mit den Herren Williams und Mellers, sowie Frau Abbott und anderen bestätigt.

VORKOMMNISSE

Edward Brown, Steward (brit. Untersuchung.):

Der Zeuge half bei den Booten 5, 3, 1 und C, und dann bei einem anderen Faltboot; er versuchte, es bis zu den Davits zu bringen, als das Schiff anfing nach backbord zu krängen. Die Flaschenzüge wurden gelockert, aber das Boot konnte nicht weiter rausgezogen werden. Etwa vier oder fünf Frauen warteten darauf, ins Boot zu steigen. Dieses Boot war das Faltboot "A", das sie vom Dach des Offiziershauses holen wollten. Sie haben es mit Planken heruntergezogen, aber der Zeuge weiß nicht, woher diese Planken kamen. Er vermutet, sie stammten von den Stangen, die bei den anderen Booten waren; auf jeden Fall hatte er keine Schwierigkeiten, das Boot vom Dach runter zu bekommen. Das Schiff war da schon bis zur Brücke unter Wasser, mit dem Bug schon tief eingetaucht. Er sprang in das Boot und rief, dass man die Züge durchschneiden solle. Er selbst hat sie achtern durchgeschnitten, kann aber nicht sagen, was mit dem vorderen Zug passiert ist. Er wurde aus dem Boot gespült, weiß aber nicht, ob er ins Wasser gefallen ist. Er hatte seine Rettungsweste an und kam so zur Oberfläche. Überall um ihn herum waren Menschen. Sie rissen ihm seine Kleider weg und kämpften im Wasser um ihr Leben. Er konnte nicht schwimmen, vermochte aber in das Faltboot "A" einzusteigen. Darin befanden sich nur Männer, aber man holte später noch eine Frau und einige Männer mehr aus dem Wasser. Das Boot bestand aus

Passagieren, Stewards und Crew. Es waren 16 Männer. Fünfter Offizier Lowe im Boot Nr. 14 hat sie aufgenommen.

O. Abelseth (am. Untersuchung):

Der Zeuge beschreibt die Zeit kurz vor dem Untergang des Schiffes, als man sich bemühte, die Faltboote vom Dach des Offiziershauses herunterzuholen. Der Offizier brauchte Hilfe und rief: "Gibt es hier irgendwelche Matrosen?" Das Boot befand sich nur etwa knappe zwei Meter über dem Wasser, als der Zeuge raussprang. Der Sprung war nicht sehr groß. Davor konnte er sehen, wie die Leute vom Schiff runtersprangen. Er ging unter und schluckte etwas Wasser. Ein Seil hat sich um ihn gewickelt. Er kam wieder nach oben und versuchte zu schwimmen. Viele Männer trieben um ihn herum im Wasser. Einer von ihnen packte ihn am Hals, drückte ihn unter Wasser und versuchte, auf ihn drauf zu kommen; aber er konnte sich von ihm befreien. Dann hing für eine Weile ein anderer Mann an ihm und ließ ihn später wieder los. Schließlich schwamm er etwa fünfzehn oder zwanzig Minuten lang. Sah etwas Dunkles vor sich; schwamm darauf zu und traf auf eines der Engelhardt-Boote ("A"). Er trug eine Schwimmweste, als er vom Schiff sprang. Es gab überhaupt keinen Sogeffekt. "Ich werde versuchen ", dachte er, "ob ich mich auf der Rettungsweste einfach treiben lassen kann, ohne aktiv zu schwimmen." Tatsächlich gelang ihm das sehr einfach. Als er auf ins Boot "A" einstieg, half ihm zwar niemand, dafür sagten sie zu ihm: "Bring das Boot nicht zum Kentern". Entsprechend hat er sich erst eine Weile festgehalten, bevor er eingestiegen ist.

Einige, die saßen oder lagen, versuchten aufzustehen; andere fielen wieder ins Wasser. Einige waren erfroren und zwei Tote wurden über Bord geworfen. Auf dem Boot hob er seine Arme an, bewegte sie kontinuierlich und schwang sie um sich her, um sich warm zu halten. An Bord dieses Bootes gab es eine Dame (Mrs. Abbott), die auch gerettet wurde. Ebenso zwei Schweden und einen Passagier der Ersten Klasse. Er sagte, er hätte Frau und Kind. Da war auch ein Heizer namens Thompson, der eine seiner Hände verbrannt hatte; und ein kleiner Junge, dessen Name wie "Volunteer" klang. Er und Thompson waren später im St. Vincent's Hospital. Gegen Morgen sah er ein Boot mit einem gehissten Segel, und alle gemeinsam schrien sie um Hilfe. Boot A war nicht gekentert und die Plane war nicht weggezogen worden; auch sie schafften das nicht. Sie standen die ganze Nacht mit ihren Füßen in etwa dreißig bis vierzig Zentimeter hohem Wasser. Boot Nr. 14 kam zu ihnen herüber, nahm sie an Bord und brachte sie zur *Carpathia*; er half beim Rudern. Es müssen etwa zehn oder zwölf Menschen von Boot A gerettet worden sein; ein Mann stammte aus New Jersey und kam gerade aus London. Bei Tagesanbruch schien er bewusstlos zu sein. Er nahm ihn an der Schulter und schüttelte ihn. "Wer bist du?", sagte dieser, "lass mich in Ruhe, wer bist du?" Etwa eine halbe Stunde später starb er.

In einem kürzlich erhaltenen Brief von Dr. Washington Dodge bezieht sich dieser auf einen jungen Mann, den er auf der *Carpathia* traf. Dieser war sehr erschöpft, also brachte er ihn in seine Kabine und gab ihm Medizin und medizinische Versorgung. Dieser junge Mann war Kammerdiener eines Gentlemans und Passagier der Zweiten Klasse. Diese entspricht der Beschreibung von William J. Mellers, dem ich geschrieben, aber noch keine Antwort erhalten habe. Dr. Dodge sagt, er glaubt der Geschichte dieses jungen Mannes vorbehaltlos: Er, Mellers, "stand an diesem Boot, als eines der Besatzungsmitglieder versuchte, die Befestigungen zu durchtrennen, die es mit dem Schiff verbanden; dann folgte der Ansturm des Wassers, der das Boot losriss.

R. N. Williams, Jr., aus seinem Brief an mich:

"Ich war nicht lange unter Wasser, und als ich nach oben kam, zog ich den großen Pelzmantel aus, den ich anhatte. Ich hatte meine Weste unter dem Mantel angelegt und zog auch meine Schuhe aus. Etwa zwanzig Meter entfernt sah ich etwas treiben. Ich schwamm darauf zu und erreichte ein Faltboot. Ich habe mich daran festgehalten und bin nach einer Weile hineingekrabbelt und in der Mitte aufgestanden. Das Wasser stand mir bis zur Taille. Etwa dreißig Menschen klammerten sich ans Boot. Als Officer Lowes Boot uns abholte, waren elf von uns noch am Leben; alle anderen waren tot vor Kälte. Mein Pelzmantel wurde zusammen mit diesem Engelhardt-Boot 'A' von der *Oceanic* gefunden, ebenso ein Stock mit der Aufschrift 'C'. Williams' So entstand schließlich die Geschichte, dass Leiche meines Vaters in diesem Boot war; dem war aber, wie Sie selbst sehen, nicht so. Wie der Stock dorthin kam, weiß ich nicht."

Mit freundlicher Genehmigung von Mr. Harold Wingate von der White Star Linie kann ich seinen Briefen an mich folgende Informationen zu Boot "A" entnehmen:

"Eine der Leichen in diesem Boot war die von Mr. Thompson Beattie. In seiner Kleidung fanden wir seine Uhr und Etiketten mit seinem Namen und dem des Händlers; alles zusammen haben wir an den Testamentsvollstrecker geschickt. Zwei andere waren ein Heizer und ein Matrose, beide unidentifiziert. Den Mantel von Mr. Williams schickte ich zur Reparatur an einen Kürschner; dieser konnte aber nichts damit anfangen, außer ihn zu trocknen. Da war kein Stock im Boot. Die Nachricht der *Oceanic* und die Worte 'R. N. Williams, zu Händen von Duane Williams' wurden vom Empfänger der Nachricht zu 'Richard N. Williams, Stock von Duane Williams', verdreht. Und dies wiederum gelangte in die Presse, wo der Fehler somit verewigt wurde."

"Es wurde auch ein Ring in dem Boot gefunden, dessen Besitzerin wir schließlich in Schweden aufspürten und ihr ihren Besitz zurückerstatteten konnten. Wir können nicht mit Sicherheit sagen, dass sie im Boot war, aber wir wissen, dass ihr Mann ein Passagier auf der Titanic war - Edward P. Lindell, ein Passagier der dritten Klasse. Die Adresse der Witwe ist, zu Händen von Nels Persson, Helsingborg, Schweden."

Die Rettung der Insassen des Bootes "A" am Montagmorgen wird in der Aussage von Officer Lowe und Mitgliedern der Besatzung seines Bootes Nr. 14 und der anderen miteinander vertäuten Boote 12, 10, 4 und "D" festgehalten. Nr. 14 wurde, wie wir uns erinnern, komplett leergemacht, und eine Mannschaft, bestehend aus Passagieren aller vorher erwähnten Boote, fuhr damit zurück zum Wrack. Die Zeugenaussagen all dieser Leute stimmt im Wesentlichen überein, und ich möchte hier nur Quartermaster Bright, der für Boot "D" zuständig ist, wie folgt zitieren:

A. Bright, Quartiermeister (verantwortlich) (am. Untersuchung):

Als der Tag anbrach, sah der Zeuge von seinem Platz im Boot "D" aus eines der anderen Faltboote, "A", das gerade mit Wasser überspült wurde. Offizier Lowe fuhr hinzu und vertäute das Boot des Zeugen mit dem anderen Faltboot, das gerade überflutet wurde, und übernahm dreizehn Männer und eine Frau, die bis zu ihren Knöcheln im Wasser standen. Sie hatten im Dunkeln laut gesungen. Sobald es hell wurde, konnte man sie sehen. Sie wurden gerettet und das Boot trieb mit zwei darin befindlichen Leichen, die mit einer Rettungsweste über ihren Gesichtern bedeckt waren, hinweg.

Admiral Mahan zu Ismays Pflicht:

Konteradmiral A. T. Mahan, im Ruhestand, sagt in einem Brief, den die Evening Post veröffentlichte, so viel zu J. Bruce Ismays Pflicht:

In der Evening Post vom 24. April stimmt Admiral Chadwick dem Verhalten von Mr. Ismay beim Untergang der Titanic insofern deutlich zu, als er die an ihn gerichtete Kritik als "Gipfel des Pathos" bezeichnet.

Ablehnung als auch die Zustimmung sollten besser auf die Ergebnisse der Ermittlungen in Großbritannien warten. Es wird Anlass zu Gerede geben, aber wenn Männer wie Admiral Chadwick es für angebracht halten, vorgreifende Meinungen zu veröffentlichen, dürfen diese Meinungen auch vorgreifend kommentiert werden.

Bestimmte Tatsachen sind so offenkundig, dass sie keiner Untersuchung bedürfen. Dies sind (1), dass vor der Kollision der Kapitän der Titanic allein für das Management des Schiffes verantwortlich war; (2) dass es nach der Kollision nicht genug Boote gab, um mehr als ein Drittel der Passagiere aufzunehmen, und (3) die White Star Company für diesen Missstand allein verantwortlich ist – nicht rechtlich, sondern moralisch. Mr. Ismay ist ein prominenter Angestellter dieser Firma, wenn auch nicht der prominenteste.

Für den Verlust all dieser Menschenleben ist das Unternehmen sowohl individuell als auch kollektiv verantwortlich: Mr. Ismay persönlich, nicht nur als einer der Angestellten. Er hielt die Titanic für unsinkbar; der Glaube befreit von moralischer Schuld, aber nicht von Verantwortung. Männer tragen die Folgen ihrer Fehler, wie auch ihrer Verfehlungen. Er – und Admiral Chadwick – rechtfertigen sein Verlassen von über fünfzehnhundert Personen, deren Tod ausschließlich die Firma zu verantworten hat, mit der Begründung, dass es das letzte, nur halb gefüllte Boot war; und Mr. Ismay gesagt hat, dass er niemand mehr gesehen hat.

Niemand war zu sehen, aber war auch niemand zu erreichen? Mr. Ismay wusste, dass da noch viele sein mussten, denn er wusste, dass die Boote nur ein Drittel der Passagiere aufnehmen konnten. Die Titanic war 269 Meter lang; 28 breit; sagen wir, von der vierunddreißigsten Straße bis etwas nördlich der siebenunddreißigsten; in diesem Raum waren über 1.500 Seelen auf mehreren Decks versammelt. Zwar war es eine vergebliche Hoffnung, in einem solchen Moment eine bestimmte Person in den Verwinkelungen eines Schiffes zu finden, aber einige Nachzügler zu anzutreffen, dürfte nicht schwierig gewesen sein. Lesen Sie in der Sun and Times vom 25. April Col. Gracies Bericht über die "Masse von Menschen, Männer und Frauen", die plötzlich vor ihm erschienen, nachdem die Boote gestartet waren.

In einem Interview in der New York Times vom 25. April sagt Admiral Sir Cyprian Bridge, ein sehr angesehener Offizier, dass Mr. Ismay nicht nur ein Passagier wie andere Passagiere war. Stimmt, bis zu einem gewissen Punkt. Er ist in keiner Weise für die Kollision verantwortlich; aber als die Kollision stattgefunden hatte, sah er sich einer völlig neuen Situation gegenüber, für die er verantwortlich war, und nicht der Kapitän – nämlich auf einem sinkenden Schiff zu sein ohne ausreichende Vorsorge, um Leben zu retten. Hatte er unter solchen Bedingungen etwa nicht die Verpflichtung zu einem besonderen Verhalten?

Ich behaupte das in der festen Überzeugung, dass, solange es eine Seele gab, die gerettet werden konnte, Mr. Ismay die Verpflichtung hatte, diese eine Person und nicht sich selbst ins Boot zu setzen. Mehr als 1.500 kamen ums Leben. Die noch aufzuarbeitenden Umstände mögen das Handeln von Mr. Ismay vollständig rechtfertigen, aber eine solche Rechtfertigung ist dann auch zwingend erforderlich. Wenn dies der "Gipfel des Pathos" ist, muss ich mich damit begnügen, diese Unterstellung hinzunehmen.

Admiral Chadwick drängt darauf, "ein Leben zu erhalten, das so wertvoll für die große Organisation ist, der Mr. Ismay angehört". Das verleiht Mr.

Ismay eine Art Heiligenschein der Selbstaufopferung. Kein Mann ist unentbehrlich. In der White Star Linie gibt es sicher genug Köpfchen und Geschäftssinn, um ohne ihn weitermachen zu können. Die Berichte besagen, dass von den geretteten Frauen siebenunddreißig durch den Unfall und den Mangel an Booten ihre Männer verloren haben. Ihre Ehemänner waren für sie mindestens genauso unverzichtbar wie Mr. Ismay für das Unternehmen. Seine Pflicht gegenüber der Schiffsgesellschaft war klar und primär; die gegenüber der White Star Company so sekundär, dass sie in diesem Moment vollkommen ungültig war.

Wir sollten aufpassen, dass wir die Standards nicht verdrehen. Hören Sie das Gerede, dass dieses Ergebnis auf das System zurückzuführen ist. Was ist ein System, außer dem, was Menschen daraus gemacht haben und behalten haben? Was also den Sinn für individuelle Verantwortung schwächt, ist genauso schädlich, wie die Tatsache, dass der Einzelne seiner Verantwortung nicht gerecht wird.

SCHLUSSNOTE

Von Charles Vale

COLONEL GRACIE starb am 4. Dezember 1912. Er war den ganzen Sommer über bei schwacher Gesundheit, hatte aber keine konkreten körperlichen Beschwerden. Er fühlte sich krank und schwach und schrieb seinen Zustand der Belastung und Beanspruchung zu, die er bei der Titanic-Katastrophe erlitten hatte. Frau Gracie und seine Tochter waren bis zum Ende bei ihm, von dem er wusste, dass er kommen würde, denn am Tag vor seinem Tod ließ er sich den Pfarrer der Inkarnationskirche ans Bett bringen, und die Heilige Kommunion wurde vollzogen. Am nächsten Tag war er zwölf Stunden lang bewusstlos, doch kurz vor seinem Tod war er für etwa zehn Minuten bei Sinnen, erkannte alle und verabschiedete sie.

Der Trauergottesdienst fand in der Calvary Church statt, wo er geheiratet hatte; eine große Zahl der Mitglieder des Siebten Regiments, dem er angehörte, waren anwesend. Die Kirche war wunderschön dekoriert. Mrs. Astor war dort und viele andere Überlebende der Titanic, denen Colonel Grade zum Zeitpunkt der Katastrophe in die Boote geholfen hatte. Die Beerdigung fand auf dem Gracie-Grundstück in Woodlawn statt.

Und so endet sein Buch hier. Er hatte vor, ein letztes Kapitel zu schreiben, in dem er die Tragödie der Titanic im Rückblick und im Lichte all der späteren Informationen, die er gesammelt hatte, Revue passieren ließ, die Lehren zog, die in der Gegenwart am notwendigsten und für die Zukunft am nützlichsten schienen, und seine Geschichte mit dem letzten Schliff abrundete.

Aber das eigentliche 'Finis' muss durch eine andere Hand geschrieben werden. Nun, es spielt keine große Rolle. Die eigentliche Arbeit ist abgeschlossen, in ihrer Gesamtheit. Das Gesamtbild ist gezeichnet, die Details wurden wahrheitsgetreu zusammengetragen und in der richtigen Reihenfolge angeordnet. Der Rest war nur eine Angelegenheit des Nachdenkens und Kommentierens; und von Rückblicken hatten wir nun wahrlich genug.

Ich traf Colonel Gracie zum ersten – und letzten – Mal bei einem Mittagessen im Waldorf-Astoria in New York, als die Welt noch von den Echos der großen Katastrophe erfüllt war. Die außergewöhnlichen Erlebnisse, durch die er gegangen war, und die schrecklichen Szenen, die er miterlebt hatte, waren für ihn immer noch so lebendig, als wären sie am Tag zuvor geschehen; aber er sprach sehr leise, direkt, ungekünstelt, weder aufdringlich noch persönlichen Elementen ausweichend. Ich hörte kein hartes oder verurteilendes Wort von ihm: Er schien die seltene Gabe zu besitzen, die menschliche Natur zu verstehen, den seltenen Sinn für Verhältnismäßigkeiten. Er beschuldigte niemanden der Feigheit oder der Ineffizienz; aber er erzählte die Fakten so, wie er sie sah und gab keinen Raum frei für falsche Rückschlüsse. Und ganz allmählich, in dieser Atmosphäre der sorglosen, ungezwungenen Geborgenheit; mit den überall im Raum verstreuten Männern und Frauen aus allen Ecken aller möglichen Kontinente; mit all den augenfälligen und subtileren Errungenschaften der Zivilisation, die ein luxuriöses Hotel in einer riesigen Metropole darbietet; – so entstand das Bild des großen Schiffes, das in der Nacht seinem Untergang entgegensteuert, einschließlich seiner lebenden Fracht. Ich kann die Lebendigkeit dieses Bildes nicht wirklich ausdrücken, – sozusagen aus der Dunkelheit der Erinnerung geschnitzt und dem Sonnenlicht eines Sommertages aufgezwungen. Es prägt sich mir ein, unauslöschlich, unvergesslich – so wie es das für alle muss, die durch diese tragischen Stunden gegangen sind und noch leben, und sich dadurch erinnern, wie nahe sie dem Tod waren. Wir zeichneten die wachsende Erkenntnis über die Tragik der Situation, die Überzeugung, dass das Schiff unweigerlich sinken muss, bevor Hilfe eintreffen kann, und schließlich die entschlossene Auseinandersetzung mit dem Schicksal nach. Gute und schlechte Taten wurden an jenem Abend und Morgen vollbracht; aber das Gute übertrifft das Schlechte, unermesslich; und wenn den Geringfügigkeiten gebührend Rechnung getragen wurde, die wenigen Feiglinge vergessen worden sind und die Ungehorsamen oder Egoisten gerichtet und für unzulänglich befunden wurden, bleibt die Gesamtsumme der tapferen und unerschütterlichen Männer und Frauen, deren Namen unvergänglich in jede Aufzeichnung des Heldentums dieser Welt aufgenommen werden müssen.

In einer Schlussnote wie dieser, die ein Werk abrundet, das so sehr von der intimen Verbindung des Autors zu den Szenen lebt, die er beschreibt, ist es erlaubt, persönlich zu sein. Ich hatte in einer Tageszeitung Colonel Gracies ersten Bericht über seine Erfahrungen gelesen; ich war von der besonderen Qualität seines Schreibstils und der durchdringenden Atmosphäre wahrer Ritterlichkeit beeindruckt – kein anderes Wort kann den Eindruck, den diese Erzählung vermittelt, geschrieben unter dem Druck ergreifender Erinnerungen, angemessen vermitteln. Ich denke, dass die Wirkung seiner Erzählung bei allen, die sie gelesen haben, die gleiche war: Ich habe sicherlich niemanden getroffen, der die Spiritualität und Feinheit nicht erkannt hat, die durch die geschriebenen Worte scheint - eine Spiritualität, die nicht gegen die unverkennbare Männlichkeit des Autors gerichtet ist, sondern ganz im Einklang mit ihr steht. Als ich ihn traf, war ich besonders an seiner Persönlichkeit interessiert: Es schien mir, dass dieser Mann, der zu meiner Linken saß und leise sprach, so deutlich in den Schlund der Hölle gesehen hat, wie es einem Menschen nur gestattet war, und wieder auferstanden ist von den Toten – oder zumindest aus dem Meer der Toten – in eine Welt, die ihm nie wieder die Gleiche sein konnte. Ich sah von Zeit zu Zeit in seine Augen; und ich sah in ihnen, was ich nur ein oder zweimal sonst in den Augen eines lebenden Menschen gesehen habe – die Erfahrung des Todes, die Annahme des Todes und den unwiderruflichen Eindruck des Todes. Und obwohl er ein Mann war, der an Abenteuer gewöhnt war und keine Angst vor den großen oder kleinen Ironien des Schicksals hatte, war er sich, glaube ich, einer gewissen Isolation, einer neuen Abgrenzung vom Alltag bewusst. Er war so nah am Ende der Träume gewesen, hatte die Jahre so plötzlich aus einer neuen Perspektive vorbeiziehen sehen, dass es schwierig war, das triviale Leben wieder aufzunehmen und eine mentale Welt zu rekonstruieren, in der Details wieder ihre frühere Bedeutung erlangen sollten. Colonel Gracie überlebte weniger als acht Monate nach dem Untergang der Titanic. Es erscheint unwirklich, ja fast ungerecht, dass er so viel durchgemacht hat, sein Leben angesichts solcher tödlichen Gefahren wiedergewonnen hat, nur um es nach kurzer Zeit aufzugeben. Aber er selbst wäre der Letzte gewesen, der sich beschwert hätte. Sein ausdrücklicher Glaube an die Vorsehung konnte durch kein persönliches Leiden erschüttert werden. Er kämpfte mutig um sein Leben, wie er mutig um das Leben anderer gekämpft hatte, während die Titanic unterging. Als das Ende unvermeidlich war, nahm er es mit Gelassenheit an, obwohl er es mit Trauer vorausgesehen hatte.

Der Gedanke an die Tragödie, mit der sein Name immer verbunden sein wird, war ständig in seinem Kopf. Das Schreiben seines Buches war mit viel intimer Korrespondenz verbunden, mit der fortwährenden Wiederbelebung schmerzhafter Erinnerungen. Er machte sich nicht die Mühe, sich dieser Belastung zu entziehen: Es war Teil der Aufgabe, die er sich gestellt hatte. Er war der festen Überzeugung, dass seine Arbeit absolut notwendig war und nicht vernachlässigt werden durfte. Einfach und aufrichtig widmete er sich diesem Dienst und dieser Pflicht. Und nun hat er seine Arbeit getan und sein Leben gelebt und ist ins Licht hinausgegangen, jenseits der Finsternis. Sein Land hat einen wahrlich ritterlichen Gentleman verloren. Die Welt hat eine weitere Legende von mutigen Taten dazugewonnen.

48772579R00103

Printed in Poland
by Amazon Fulfillment
Poland Sp. z o.o., Wrocław